# 美丽中国建设的重庆探索与实践

MEILI ZHONGGUO JIANSHE DE
CHONGQING TANSUO YU SHIJIAN

张伟进 等 编著



中国环境出版集团 · 北京

图书在版编目（CIP）数据
美丽中国建设的重庆探索与实践 / 张伟进等编著 .
北京 : 中国环境出版集团，2025. 7. -- ISBN 978-7
-5111-6321-9
Ⅰ. X321.271.9
中国国家版本馆 CIP 数据核字第 20255AH627 号

**责任编辑** 田 怡 张 佳
**封面设计** 庄 琦

---

**出版发行** 中国环境出版集团
（100062 北京市东城区广渠门内大街 16 号）
网　　址：http://www.cesp.com.cn.
电子邮箱：bjgl@cesp.com.cn.
联系电话：010-67112765（编辑管理部）
010-67175507（第六分社）
发行热线：010-67125803，010-67113405（传真）
**印　　刷** 北京鑫益晖印刷有限公司
**经　　销** 各地新华书店
**版　　次** 2025 年 7 月第 1 版
**印　　次** 2025 年 7 月第 1 次印刷
**开　　本** 787 × 1092 1/16
**印　　张** 12.25
**字　　数** 200 千字
**定　　价** 80.00 元

---

# 《美丽中国建设的重庆探索与实践》编写组


**组　长**　张伟进

**成　员**　吴大兵　吴族勇　代云川

李富宇　吴　杨　周　妍

蔡翔天　邓佳丽　权璐然

# 前　言

## Preface

长江浩荡，巴山雄峻。重庆作为长江上游重要生态屏障和西部大开发重要战略支点，得到了习近平总书记的高度重视与深切关怀。2016 年 1 月，习近平总书记在重庆主持召开推动长江经济带发展座谈会，强调“推动长江经济带发展必须从中华民族长远利益考虑，走生态优先、绿色发展之路，使绿水青山产生巨大生态效益、经济效益、社会效益，使母亲河永葆生机活力”；2019 年 4 月，习近平总书记在考察重庆时，要求重庆“在推进长江经济带绿色发展中发挥示范作用”；2024 年 4 月，习近平总书记再次亲临重庆，强调要“大力推动绿色发展，建设美丽重庆，筑牢长江上游重要生态屏障”。这些重要论述，深刻阐明了重庆在长江经济带和全国发展大局中的战略定位，为重庆生态文明建设提供了根本遵循。

重庆坚决贯彻习近平生态文明思想和习近平总书记视察重庆重要讲话重要指示精神，深入实施长江两岸国土绿化工程，推进山水林田湖草沙一体化保护和系统治理，强化水、大气、土壤污染协同防控，严格产业准入要求与推动产业绿色转型，持续筑牢长江上游生态屏障，实现生态“颜值”与发展“价值”双提升。这些成就的取得，根本在于习近平新时代中国特色社会主义思想的科学指引，在于全市上下将总书记的殷殷嘱托转化为推进生态文明建设的政治自觉、思想自觉和行动自觉。

在推动长江经济带发展座谈会召开周年之际，我们组织编写了《美丽中国建设的重庆探索与实践》一书。全书以深入贯彻习近平生态文明思想为主线，聚焦“山清水秀美丽之地”的绿色蜕变，分为打好污染防治攻坚战、系统推进生态系统保护修复、打造全市域整体大美风貌、加快绿色低碳转型发展、健全生态环境治理体系五篇，通过二十余个典型案例的深入剖析，生动展现重庆生态文明建设的做法、成效与启示。本书既对过去十年重庆生态文明实践进行了总结，也展现了在新起点上重庆建设美丽中国先行区的新愿景与新蓝图。

青山见证变迁，大江奔腾向前。站在新起点，重庆将坚定不移以习近平生态文明思想为指引，牢记“建设山清水秀美丽之地”的殷切嘱托，在全面建设社会主义现代化新重庆的征程中，始终坚持生态优先、绿色发展，努力打造更多西部领先、全国进位和重庆辨识度的标志性成果，让一江碧水、两岸青山的美丽画卷成为长江经济带高质量发展最生动的写照。

# 目　录

## Contents

# 第一篇　打好污染防治攻坚战

良好生态环境是实现中华民族永续发展的内在要求，是增进民生福祉的优先领域，更是建设美丽中国的重要基础。习近平总书记强调，打好污染防治攻坚战是关系十四亿多中国人民切身利益的大事，也是建设美丽中国的必然选择[①]。在习近平生态文明思想的指引下，重庆坚持以人民为中心的发展思想，以实现减污降碳协同增效为总抓手，以改善生态环境质量为核心，以精准治污、科学治污、依法治污为工作方针，统筹污染治理、生态保护、应对气候变化，保持力度、延伸深度、拓宽广度，以更高标准打好蓝天、碧水、净土保卫战，以高水平保护推动高质量发展、创造高品质生活，努力建设人与自然和谐共生的美丽重庆。

① 中共中央宣传部、中华人民共和国生态环境部：《习近平生态文明思想学习纲要》，学习出版社、人民出版社，2022 年，第 37 页。

# 坚持系统治理　守护一江碧水

## ——重庆推动长江流域水环境质量持续改善

长江是中华民族的母亲河，是中华民族永续发展的重要支撑。习近平总书记指出，“从长远来看，推动长江经济带高质量发展，根本上依赖于长江流域高质量的生态环境”①。党的十八大以来，以习近平同志为核心的党中央从生态文明建设全局出发，统筹水资源、水环境、水生态治理，扎实推进碧水保卫战，全面实施国家“江河战略”。重庆作为长江上游重要城市，肩负着守护一江碧水的重大责任。近年来，重庆深入实施水污染防治行动计划，扎实推进河长制、湖长制，加快工业、农业、生活污染源和水生态系统整治，以实效实绩谱写美丽重庆建设的“江河新篇”。

## 一、背景情况

重庆地处长江上游和三峡库区腹心地带。长江横贯重庆全境，流程691公里，境内大小河流5 300余条，除任河、酉水河、濑溪河分别经汉江、湘江、沱江流域汇入长江外，其余河流均在重庆市境内汇入三峡水库；三峡库区重庆段水容量300亿立方米，占三峡水库总库容的76.3%。

① 《习近平主持召开进一步推动长江经济带高质量发展座谈会强调　进一步推动长江经济带高质量发展　更好支撑和服务中国式现代化》，《人民日报》2023年10月13日。

2016年1月，习近平总书记视察重庆时指出，“保护好三峡库区和长江母亲河，事关重庆长远发展，事关国家发展全局”[①]，并首次提出“共抓大保护，不搞大开发”[②]的历史性决断。

重庆始终牢记习近平总书记殷殷嘱托，深学笃用习近平生态文明思想，全面贯彻“共抓大保护，不搞大开发”战略方针，持续深入打好碧水保卫战，推动流域水环境质量持续改善。长江干流重庆段水质自2017年起连续8年达到Ⅱ类标准，比长江干流全线达到Ⅱ类标准的时间提前3年；重庆长江培石出境断面总磷污染物浓度自2018年起连续7年优于四川朱沱入境断面；“十三五”42个国控断面水质优良比例由88.1%提升至100%、优于95.2%目标4.8个百分点，“十四五”74个国控断面水质优良比例2023年、2024年连续两年保持100%、优于97.3%目标2.7个百分点；“一江碧水出巴渝”的政治承诺持续兑现。

## 二、主要做法

### （一）不断健全政策法规体系

坚持整体谋划、科学规划，持续推进规划编制实施。从“水十条”到“重点流域水污染防治规划”，再到“水生态环境保护规划”，推动治水工作由治标向治本、一维防治到多维防治、区域治理到水环境控制单元分区管理、水环境治理向“三水”统筹等不断转变。同时，专项编制《重庆市

① 《习近平：落实创新协调绿色开放共享发展理念　确保如期实现全面建成小康社会目标》，《人民日报》2016年1月7日。

② 《习近平：走生态优先绿色发展之路　让中华民族母亲河永葆生机活力》，《人民日报》2016年1月8日。

深入打好长江保护修复攻坚战行动方案》《重庆市长江流域总磷污染控制方案》，从生态系统整体性和流域系统性出发，系统谋划山水林田湖草沙各种生态要素协同治理、长江流域总磷污染治理和生态保护修复具体措施。

坚持依法治污，持续完善生态环境法规体系。坚持“针对问题立法、立法解决问题”，修订出台《重庆市水污染防治条例》，细化部门的职能职责，强化水污染防治监督管理措施，推动建立完善区域联防、约谈限批、分级保护等制度。出台《重庆市人民代表大会常务委员会关于加强嘉陵江流域水生态环境协同保护的决定》，首次尝试“重庆决定 + 四川条例”协同模式，针对嘉陵江流域水生态环境共标、共建、共治、共管等问题作出有效管用制度安排，较好地处理协同立法“小切口”与“大块头”关系。

### （二）纵深推进流域综合治理

抓牢入河排污口“牛鼻子”，健全完善全链条治理体系。在全国率先开展长江入河排污口排查整治试点，探索形成有口皆测、精准溯源、系统整治的做法以及 12 个技术规范和指南，生态环境部评价“重庆试点经验可复制可借鉴可推广”。通过完善排污口整治例行抽查、部门联动检验、专家技术帮扶等机制，及时督导纠正“清水污水全部纳管”“硬化封堵加盖遮掩”等简单粗暴整治方式，并按照“依法取缔一批、清理合并一批、规范整治一批”要求，分级分类推进各类入河排污口整治，因地制宜解决突出问题。

坚持系统观念，统筹推进生活、工业、农业、船舶污染治理。城镇生活污水处理能力由 2016 年的 410 万吨 / 日提升至 2024 年的 670 余万吨 / 日，城市污水处理厂全部达到一级 A 及以上排放标准；131 个工业园区（组团）实现污水集中处理设施全覆盖，工业园区污水集中处理能力由

2016年的83万吨/日提升至2024年的235万吨/日；在全国率先公布施行农业面源污染风险评估技术标准，启动典型流域农业面源污染关键源区识别及入河系数测算研究，化肥农药使用总量持续递减，水产养殖尾水治理面积9万余亩，畜禽养殖粪污综合利用率达到80%以上；在全国率先推行船舶水污染物“零排放”治理，3 000余艘重庆籍船舶实现水污染物“零排放”，并将经验在长江干线推广。

### （三）探索完善治水工作机制

建立体检监测制度。按照“干流加断面、支流全覆盖”原则，从2019年起，对国控、市控断面控制的30余条重要河流增设超过1 500个监督性监测断面，定期开展监督性“体检”监测，评价研判整个流域水质变化趋势，按流域、按河段剖析原因，找准“病灶”、深挖“病因”，推动精准施策、靶向治疗。

建立帮扶指导制度。组建由技术支撑单位专家为成员的帮扶指导组，对流域问题系统排查、针对性制定治理措施，开展帮扶指导。

创新建立“一竿子插到底”现场督战制度。针对水质问题突出、长期得不到解决的流域，把办公地点搬到现场、下沉到乡镇，直接与流域乡镇负责人和有关部门负责人见面，直面指出交办问题，将压力直接传递到基层一线。

创新设立“约见”制度。对水质有超标苗头但达不到实施约谈条件的区县政府，以“约见”政府负责人的方式高压预警，督促推动问题整治。

建立水质预警机制。按照小时超标、日超标、3日超标、7日超标、15日超标，实施五级预警，及时发现消除水质超标风险。

建立水质日分析、月调度、季复盘机制。及时研判水质变化趋势，督促地方迅速开展问题排查诊断，逐级、逐类、逐项解剖问题差距，研究改进措施。

### （四）不断完善横向补偿机制

全面构建区县流域横向生态补偿机制。2018 年，重庆市政府印发《重庆市建立流域横向生态保护补偿机制实施方案（试行）》，推动市内流域面积 500 平方公里以上且跨区县的 19 条重要河流涉及的 33 个区县全部签订补偿协议，在全国率先实现市内重点流域补偿全覆盖；2023 年，重庆市财政局与重庆市生态环境局联合印发《重庆市深化市内流域横向生态保护补偿机制实施方案》，从补偿模式、补偿基准、补偿标准等方面对机制进行优化，进一步利用经济手段压实区县水环境保护主体责任。

逐步完善跨省流域横向生态补偿机制。2018 年，重庆市政府与湖南省政府签订《酉水流域横向生态保护补偿协议》，2022 年完成第二轮补偿协议续签（2022—2024 年），并将锰离子浓度纳入补偿范围；2020 年与四川省政府签订《长江流域川渝横向生态保护补偿协议》，建立长江、濑溪河横向生态保护补偿机制，成为全国首个在长江干流建立横向生态补偿制度的改革案例；2024 年，与湖北省、贵州省签订《长江流域渝鄂横向生态保护补偿协议》《乌江流域渝黔横向生态保护补偿协议》，并与四川省完成第二轮长江流域川渝横向生态保护补偿协议续签，将嘉陵江、前河纳入补偿范围，在全国率先实现长江干流和重要支流横向补偿机制全覆盖。

### （五）持续深化川渝联防联治

针对川渝两地河流跨界、共界、往复游动复杂等问题，会同四川省生态环境厅共同编制印发铜钵河、琼江、大清流河、南溪河流域水生态环境保护川渝联防联治方案（计划），共同投资26亿余元实施铜钵河、琼江、大清流河、南溪河流域140余个治理项目，推动大竹县石桥铺镇居民生活污水接入梁平区碧山镇华滩坝污水处理站处理，实现毗邻地区环境基础设施共享。共同部署开展“川渝典型跨界流域水质提升与水生态修复技术研究与应用”科技攻关，建立川渝跨界集中式饮用水水源地风险联合防控体系，持续开展川渝跨界饮用水水源地名录更新、问题排查整改，推动解决潼南区米心镇群众饮水问题。

### （六）加快提升整体智治能力

针对治水数据碎片化、治污力量分散、联动困难等难点痛点问题，建成投用“巴渝治水”应用系统，联动住建、农委、水利等22个部门，聚焦打造全量感知、预测预警、智能决策、系统治理、贯通实战、综合管控等六大重点能力，构建“快速感知、风险研判、态势分析、高效处置”治水监管体系，实现问题发现和溯源时间均由平均7天缩短至24小时，实现问题处置时间由平均10天缩短至2天，实现未来3天水质精确度90%以上的预测预报，实现10个高频治水事件三级贯通。

## 三、经验与启示

### （一）坚持高位统筹、制度优先

设立市、区县（自治县）、乡镇（街道）总河长、副总河长。各河流流域分级分段设立市、区县（自治县）、乡镇（街道）、村（社区）级河长，推动开展整治污水偷排、直排、乱排等专项行动，推动解决一大批水环境突出问题；公、检、法协同发力，各级各部门狠抓落实，“共抓大保护，不搞大开发”成为全市上下的思想共识和行动自觉。完善政策法规体系、健全工作机制，通过“压力传导＋经济杠杆”作用，形成齐抓共管良好格局。

### （二）坚持系统观念、综合施策

牢固树立山水林田湖草沙生命共同体理念，聚焦陆上水上、地表地下，实施“源头截污、河内清淤、清水补给、生态修复”铁腕治水措施，深层次、广范围、高水平统筹推进水资源、水生态、水环境“三水共治”，绘就“河畅、水清、岸绿、景美、人和”的美丽河湖新画卷。

### （三）坚持协作共治、科技赋能

遵循生态系统整体性和流域系统性，深化区域联动协同，坚持“一张蓝图绘到底”，强化流域共治、水岸同治、部门协同，探索构建上下游贯通一体治理体系。持续强化科技赋能，探索大数据分析利用和科学管理，推动河流治理“天上看、云端管、地上查、智慧治”，提升流域精细化、智慧化管理水平。

# 统筹流域系统治理　以“小源头”撬动“大提升”

## ——永川区临江河综合治理的创新实践

美丽河湖是美丽中国在水生态环境领域的集中体现和重要载体。习近平总书记在全国生态环境保护大会上强调，“碧水保卫战要促进‘人水和谐’。统筹水资源、水环境、水生态治理，深入推进长江、黄河等大江大河和重要湖泊保护治理”[①]。近年来，党中央、国务院不断完善党政主导、河长牵头、属地负责、部门联动的河湖管理保护工作机制，依法管控河湖水域岸线空间，重拳整治侵占破坏河湖问题，着力建设安全河湖、生命河湖、幸福河湖，河湖面貌实现历史性改变。近年来，重庆以建设幸福河湖为着力点，加强水资源保护，实施水生态修复，推进水环境治理，累计建成30条美丽河湖、16条幸福河湖，其中汉丰湖成功入选全国美丽河湖优秀案例，临江河、桃花溪建成全国幸福河湖，临江河、淮远河幸福河湖建设经验入选全国首批24个幸福河湖建设典型案例。

① 习近平：《以美丽中国建设全面推进人与自然和谐共生的现代化》，《求是》2024年第1期。

## 一、背景情况

2018 年 5 月 18 日，习近平总书记在全国生态环境保护大会上强调，“要深入实施水污染防治行动计划，保障饮用水安全，基本消灭城市黑臭水体，还给老百姓清水绿岸、鱼翔浅底的景象”①。2018 年 6 月，中共中央、国务院发布《关于全面加强生态环境保护 坚决打好污染防治攻坚战的意见》，提出着力打好碧水保卫战，并明确了到 2020 年全国地表水水质目标。2023 年，生态环境部、国家发展改革委、财政部、水利部、国家林草局联合印发《重点流域水生态环境保护规划》，明确“十四五”时期重点流域水生态环境保护的目标任务，并对各项工作作出具体部署。

重庆永川区以流域系统治理理念为指引，创新构建“制度牵引、源头管控、生态修复”的治水模式，通过深化河长制改革，建立“指挥部统筹 + 河段长分级”责任体系，形成“党政主导、部门联动、全民参与”的治理格局；聚焦“地上地下、水上岸上”全流域系统施策，开展工业、农业、生活污染源立体化整治，实施污水管网建设、污水处理厂提标改造及生态补水工程，破解管网缺失、污水直排等历史难题；创新“智慧河长 + 网格化”管护机制，开发数字孪生平台，实现水质动态监测与风险预警，推行“田园 + 生态缓冲带”修复模式，构建水生植物自净系统，恢复河道生态功能。通过“查污溯源—截污控源—生态修复—长效监管”全链条治理，推动临江河水质由劣Ⅴ类跃升至Ⅲ类，同步实现水环境改善、水生态复苏与滨水空间品质

① 《习近平：坚决打好污染防治攻坚战　推动生态文明建设迈上新台阶》，《人民日报》2018 年 5 月 20 日。

提升，打造了“河畅水清、岸绿景美、人水和谐”的流域治理样本。

图 1-1　临江河棠城公园段

## 二、主要做法

### （一）聚焦“安澜”目标，打造安全安定的幸福临江河

坚持“地面地下结合、全域溯源”，全方位筑牢污染防治根基。在地面污染源排查领域，采用“网格化＋拉网式”双轨并行模式，对城区及城乡接合部开展地毯式清查，精准定位直排污染源；同时，以流域为单元，对全区河流沿岸500米生态敏感区进行系统摸排，覆盖养殖业、工业企业、餐饮业等全业态，全面摸清地面污染“底数”。地下管网排查方面，引入非金属探测、内窥探测等专业技术手段，对城区一、二、三级地下管网实施全流程诊断；同步梳理出镇街需配套完善的二、三级管网，明确管网建设短板。此外，针对污水处理末端环节，排查污水处理厂（站）存在的运行异常、排放不达标问题，通过地面与地下污染源的“双轮驱动”排

查，形成覆盖全域、数据详实的污染治理“作战图”，为后续靶向施策、精准治污提供坚实的数据底座和决策依据。

### （二）聚焦“清源”目标，构建清污清患的纯净临江河

秉持“问题导向、法治护航”的治理原则，以铁腕手段推进流域污染攻坚，坚持污染源不查清不放过、根源不明确不放过、整改不到位不放过、成效不稳固不放过、违法行为不惩处不放过，以“零容忍”态度深挖污染顽疾，确保治理不留死角。在污染整治实践中，统筹开展十大专项行动，构建起覆盖全领域、全环节的污染治理矩阵。聚焦养殖业、工业企业等重点排污主体，通过源头管控、过程监管、末端治理协同发力，严格规范生产经营行为；针对城镇排水、化粪池清掏等民生领域，强化基础设施建设与日常维护，消除污染隐患；围绕农村黑臭水体、生态补水调度等生态短板，实施综合治理与系统修复，推动水生态质量持续改善。十大专项行动多点突破、协同联动，全面提升流域污染治理效能，切实筑牢生态安全屏障。

图 1-2　临江河日常清污工作

### （三）聚焦“固本”目标，塑造固堤固基的健康临江河

紧扣“厂网一体、系统施治”理念，以管网短板为突破口，统筹推进环境基础设施建设、污染源协同治理与生态修复工程，构建起全链条、闭环式的流域治理体系。坚持“建—改—治—护”四位一体，系统实施三大工程：污水管网工程以新建城乡管网为骨架，同步改造修复城区老旧管网，疏通污水输送管网；污水处理厂（站）建设工程全域铺开，实现污水收集处理全覆盖，筑牢污染治理“最后防线”；生态修复工程聚焦河道清淤与生态修复，重塑水生态基底。为保障生态流量，创新性调整供水格局，将城区一水厂水源切换为长江提水工程延伸管网，每日释放5万立方米生态水量，激活临江河自净能力。同时，建立排水系统“厂网一体化”联席会议制度，通过跨部门协同、常态化调度，推动规划、建设、运维全流程无缝衔接，实现从“工程治污”到“长效管治”的跨越，全面提升流域生态治理现代化水平。

### （四）聚焦“长效”目标，建立常管常治的有序临江河

立足长效治理，以制度创新构建“全链条闭环、多维度协同”的治水体系，通过制定《城镇排水与污水处理设施管理办法》等多项专项制度，严格规范排水许可、化粪池清掏、养殖污染防控、农贸市场污水管控及污水处理厂运行监管，形成“源头管控—过程监管—末端达标”的刚性约束。创新建立流域横向生态保护补偿机制，压实上下游镇街共治责任，同步实施水质月度评价与考核约谈制度，以“考核倒逼＋生态奖惩”双轮驱动推动责任落实。针对河流生态修复短板，建立城区生态补水调度机制，通过水量调控增强水体自净能力，促进水环境承载力动态平衡。通过“制

度赋责 + 机制赋能”的有机融合，实现从单一工程治理向系统化、常态化、智慧化治理的跨越，为流域可持续发展提供长效保障。

### （五）聚焦“智治”目标，开创智控智防的高效临江河

秉持“治理、开发、升级”并行的创新理念，构建“智慧监测 + 责任落实”双轮驱动的流域治理新模式。通过开发临江河流域数据监控系统，科学布设在线监测点位，搭建覆盖全流域的水质监测网络，对关键节点水质进行 24 小时动态监测与异常实时预警，为精准治污装上“智慧大脑”。依托“河长制”这一制度优势，将数字化监管手段与网格化责任体系深度融合。以“河长制”系统与数据监控平台为抓手，对河流、水库及污染源实施全域巡查。依托“发现—交办—整改—反馈”闭环机制，高效处置水污染问题，推动水环境治理从“被动应对”转向“主动防控”，实现流域生态问题常态化清零，为长效管治注入持久动能。

## 三、经验与启示

### （一）坚持系统思维，强化组织领导与协同联动

治水需构建强有力的组织领导体系，生态环境部指导，重庆市委、重庆市政府支持，成立区级双组长领导小组、工作专班，注重部市区联动、多部门协同，形成“齐抓共管”格局。同时，抓住党政负责同志这个“关键少数”，压实责任，确保各项措施落地落实。

### （二）立足流域实际，实施科学精准的综合治理

必须结合流域特点（如临江河依赖降水、旱季易断流）因地制宜施策（如实施水回用、建多功能拦河堰）。坚持水岸同治、区域共治，将山水林

田湖草视为生命共同体，统筹推进水域空间管控、水环境治理和控源截污（如探索“田园＋生态缓冲带”模式削减面源污染）。

### （三）聚焦民生福祉，推动人水和谐与共建共享

始终顺应人民群众对优美生态环境的新期待，把解决突出环境问题摆在优先位置。治理过程要聚焦人水互动、和谐共生目标（如回应群众“鱼翔浅底”期盼），通过水质提升、文化传承、经济发展（如打造多功能滨水空间），增强惠民有感成效。依靠和发动群众，营造全民知晓、全民参与的良好氛围，凝聚共建共享的强大合力。

### （四）注重科技赋能，健全长效机制保障长治久清

积极运用先进信息技术（如打造智慧临江河数字孪生平台），强化科技支撑（如实时监测、防洪调度模块），实现“天上看、云端管、地上查、智慧治”。必须完善长效工作机制（如实施“周督查、月评比、季通报、年考核”），强化督导暗访和闭环管理（清单化台账、问题整改销号），充分发挥考核“指挥棒”作用，倒逼工作落实，确保持续成效。

# 绿水长存　立法护航

## ——重庆市地方船舶污染防治立法的创新实践

以法治方式保护生态环境是生态文明建设的治本之策。习近平总书记指出，“必须始终坚持用最严格制度最严密法治保护生态环境，保持常态化外部压力。要进一步建立健全和严格执行生态环境法规制度，坚持运用好、巩固拓展好强力督察、严格执法、严肃问责等做法和经验”[①]。党的十八大以来，党中央、国务院加快生态环境资源保护立法修法步伐，不断健全生态文明制度体系，守护绿水青山。重庆市积极加大船舶污染法治治理力度，推出了《美丽重庆建设行动计划》，特别是发布了《重庆市船舶污染防治条例》，这是全国首部将船舶水污染物零排放列为强制实施要求的地方性法规，为重庆的船舶污染防治提供了法律保障。

### 一、背景情况

2020 年 1 月，交通运输部、生态环境部等四部门联合发布了《长江经济带船舶和港口污染突出问题整治方案》，提出要“因地制宜、重点突破、整体推进长江经济带船舶和港口污染治理，打好污染防治攻坚战，促进航运绿色发展”。2022 年 9 月，生态环境部、交通运输部等五部门联合

① 习近平：《推进生态文明建设需要处理好几个重大关系》，《求是》2023 第 22 期。

发布了《关于加快内河船舶绿色智能发展的实施意见》，提出全面落实长江经济带生态优先、绿色发展要求，加快内河船舶绿色智能发展。2023年10月，经十四届全国人大常委会第六次会议修订通过的《中华人民共和国海洋环境保护法》强调要全面加强船舶污染防治，协同推进交通运输高质量发展与生态环境高水平保护。

重庆市一直坚持生态优先、绿色发展的道路，全力建设长江上游航运中心。然而，随着航运业的快速发展，船舶污染已成为行业绿色高质量发展的重大障碍。如在2023年，重庆市接收的各类船舶水污染物达28万吨；船舶大气污染物的排放量在除机动车外的其他移动污染源中已占超过30%；与此同时，船舶噪声投诉案例逐年增加。这些问题不仅影响了航运业的可持续发展，也与国家的绿色发展政策需求相悖。2024年5月，中共重庆市委、重庆市人民政府印发了《美丽重庆建设行动计划》，提出要"深化生态文明体制改革，强化美丽重庆建设法治保障，推进船舶污染防治等地方性法规的制定（修订）"，并强化生态环境领域的司法保护，加强行政执法与司法协同合作。因此，重庆市认识到，必须通过立法推动航运业的绿色转型升级，以实现航运高质量发展的目标。2024年9月，经重庆市六届人大常委会第十一次会议审议通过了《重庆市船舶污染防治条例》。该条例从污染防控主体责任、污染防治基本要求、完善污染应急处置措施、区域协同、突出违法行为的处罚条款等方面进行了规范与细化，精准施策。这是重庆市跨区域协同立法的一次创新实践，不仅推动构建了符合重庆市实际、具有"重庆辨识度"的船舶污染防治长效机制，也为推进船舶污染物"零排放"、更好守护一江碧水提供了法律保障。

## 二、主要做法

### （一）构建制度体系，推进污染防治措施

构建全过程“零排放”制度体系。重庆市通过“船—港—城”三维度的措施，实现船舶水污染物“零排放”、大气污染“零产生”和噪声污染“零打扰”。自 2020 年起，重庆海事局推动将船舶污水收集上岸集中处置纳入《重庆市水污染防治条例》，并立法推出《重庆市船舶污染防治条例》（以下简称《条例》），首次强制要求船舶水污染物实行“船上储存、交岸接收处置”。为此，重庆市通过船舶改造、港口设施建设等措施，完善船舶污染物接收、转运、处置保障体系。截至 2024 年，已有 3 400 艘重庆籍船舶和 1 000 艘外港籍船舶完成“零排放”设施更新，192 个泊位完成水污染物接收设施建设。

多维举措推进污染防治落地。重庆推进船舶环保工作见成效，通过对 1 200 艘次船舶的燃油硫含量进行抽样检测，确保杜绝超标柴油使用，降低“废气”污染。同时，推动船舶使用岸电，改造了 1 400 余艘重庆籍运输船舶的受电设施，建设改造了 200 多个泊位的供电设施，确保了供电能力的提升，提升清洁能源使用比例。此外，重庆市开展了尾气后处理装置的示范项目，以 7 艘“两江游”船舶为试点，成为全国内河营运船舶尾气深度治理的代表。为控制噪声排放，重庆市发布减噪倡议书、制定投诉调解指南，并加强现场监管，尤其在中高考期间严格控制船舶噪声，推动绿色护考行动。

## （二）创新协同立法，强化联防联控机制

首创协同立法机制。为筑牢长江大保护的坚固防线，重庆海事局积极推动重庆市与湖北省开展协同立法。通过设立专章，明确了船舶污染防治协作的具体要求和工作任务。《条例》作为与湖北省联合开展的首个省际协同立法项目，是重庆市跨区域协同立法的一次突破性实践。这一举措有效解决了跨区域生态治理的难题，破解了船舶污染防治法治体系不健全的“瓶颈”。

强化区域联防联控。联合地方政府、职能部门、港口企业、货主单位等构建一体化的船载危险货物监管协同机制，依靠各方力量，凝聚共识，形成合力，推动实现船舶载运危险货物安全监管共建、共治、共享。提升区域治理能力，联合重庆市安委办关注危险化学品运输问题，明确各部门职责分工，强化资源共建、信息共享；联合 36 家在渝作业的涉危运输企业签订《危化品安全运输备忘录》，共同构建船岸协作机制框架。

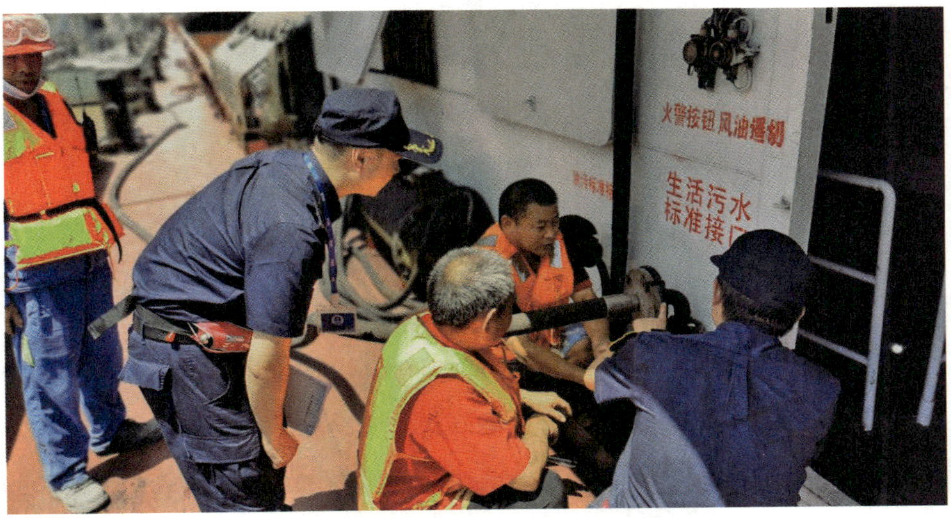


图 1-3　海事执法人员对船舶生活污水接收作业进行检查

### （三）明确分工监管，注重公众参与

明晰责任分工与监管约束。重庆围绕船舶污染治理的工作责任，建立了多部门联合监管体制，定期开展联合检查。具体来说，主要是海事管理部门负责长江干线船舶水污染物的交付、接收及转运监管；交通运输部门负责其他水域船舶的污染物管理及港口、码头、装卸站等接收设施的配置与监督；生态环境部门监督船舶产生的危险废物在岸上规范处置；城市管理主管部门负责船舶生活垃圾的岸上转运和处置；城镇排水主管部门监管船舶生活污水排入市政污水管网处理。此举有效推动了水域污染治理与生态保护的协同合作。

鼓励支持公众参与监管。《条例》要求加强船舶污染防治的宣传教育，增强全社会船舶污染防治意识，增强民众对于船舶“废气”“废物”“废水”排放的环保意识。同时，鼓励社会公众对船舶以及相关作业活动污染环境的行为进行日常监督，营造全社会共同参与船舶污染防治的良好氛围。设立举报平台、意见征集等建议收集方式，广泛动员和鼓励公众参与监管，不仅可以增强社会对环境保护的认同感和责任感，还能提高政策的透明度和公众的信任度。

### （四）重视科技赋能，推动航运绿色发展

科技赋能助力“智慧”建设。重庆市积极推广新能源应用于船舶行业，率先建设岸基液化天然气（LNG）加注站并投用纯 LNG 动力船，推动内河船舶环保改造，全面提升船舶环保和安全水平。此外，重庆市为加强船舶污染监管，积极探索技术改造手段，通过设立“船舶噪声排放控制区”、对噪声投诉较多的船舶进行分类监管等方式，有效降低船舶噪声对

居民生活的影响。督促危化品航运企业建立安全风险管理制度，引入智能监控系统，实现监管信息化、智能化，强化风险识别和预防预控。

绿色航运塑造“绿色”本底。重庆市积极推动拆解退市 1 000 余艘高能耗船舶，同时上线 35 艘 LNG 燃料船舶和 2 艘纯电动船舶，并建设了长江首个岸基式船用 LNG 加注站，推动绿色航运发展。从传统的内燃机动力型船舶，转向综合电力推进系统船舶设计建造；打造长江第一支全系列电力推进绿色智能游轮舰队；还致力于选用可回收或由再生材料制成的产品，比如铝蜂窝墙板，以此减少环境污染。

图 1-4　重庆巴南麻柳 LNG 加注站

## 三、经验与启示

### （一）制度体系构建实现稳固治理

任何环保工作都需要有法律和制度保障，通过法律强制、制度规范的形式推动措施的实施，才能确保其长期的有效性。重庆市通过构建完善的制度体系，成功推动船舶污染防治的全方位落实。《条例》的出台实施，明确了“零排放”原则，强制要求船舶水污染物处理及相关设施建设，从而保证了船舶污染治理的稳定持续。

### （二）合作机制搭建保证生态长效

重庆与湖北合作立法的成功，是创制性探索的省际协同立法机制构建的突破性创举。通过明确各地的责任分工和资源共享，有效地解决了船舶污染防治中的区域性难题，让过去因行政区划产生的治理断链重新因法连接起来，这种协同立法不仅推动了跨区域的污染防治，还提升了生态治理的整体效率与效果。

### （三）科技组建赋能助力绿色转型

重庆积极推动绿色航运，重视科技的赋能作用，探索应用新能源和智能技术来提升船舶运营效率和环保水平，不仅提升了航运行业的环保实力，还通过技术改造降低了船舶的污染排放。同时，重庆的智能监控系统和智能管理平台，提升了船舶污染监管的效率。环保工作结合现代科学技术，不仅能够提高管理和操作的精确性、效率和可持续性，还能够做到全方位、全时间地监管、追溯。

# 科学治污　书写蓝天保卫新篇

## ——西部科学城重庆高新区推进大气污染防治攻坚实践

习近平总书记指出，“蓝天保卫战是攻坚战的重中之重”[①]。党的十八大以来，党中央、国务院把坚决打赢蓝天保卫战作为重中之重，以空气质量明显改善为刚性要求，以空气质量持续改善推动经济高质量发展，切实保障人民群众身体健康，推动我国成为全球空气质量改善速度最快的国家。近年来，重庆持续深入打好蓝天保卫战，坚持以消除重污染天气、臭氧污染防治和柴油货车污染治理为出发点和落脚点，加强区域联防联治和污染物协同控制，实现整体治污、协同治污，空气质量优良天数连续5年保持325天以上。

### 一、背景情况

2017年，习近平总书记提出了“坚持全民共治、源头防治，持续实施大气污染防治行动，打赢蓝天保卫战”[②]的具体指示。2018年，国务院发布《打赢蓝天保卫战三年行动计划》，为全国空气质量改善提供了明确的

① 习近平:《以美丽中国建设全面推进人与自然和谐共生的现代化》,《求是》2024年第1期。

② 《决胜全面建成小康社会　夺取新时代中国特色社会主义伟大胜利　习近平同志代表第十八届中央委员会向大会作的报告摘登》,《人民日报》2017年10月19日。

行动纲领，也为地方各级政府制定具体实施方案提供了指导依据。2024 年，习近平总书记在《以美丽中国建设全面推进人与自然和谐共生的现代化》重要署名文章中，就持续深入打好蓝天保卫战作出具体部署，并强调加强区域联防联控，采取综合措施，加快消除重污染天气，守护好美丽蓝天。

重庆高新区作为 1991 年国务院批准设立的首批国家高新区之一，地处西部（重庆）科学城核心区，坐拥缙云山、中梁山生态屏障，与长江、嘉陵江两大水系环抱，其独特的“两山夹一槽”地形特征，造就了年平均气温较主城高 1～2℃、全年静稳天气超 300 天的“无风城市”微气候，叠加槽谷南北两侧合川、江津等区域重工业集群的氮氧化物、二氧化硫跨域传输，导致 $PM_{2.5}$ 和臭氧污染扩散条件极差。与此同时，中梁山片区历史遗留的 2 000 余家“散乱污”企业因环保设施落后、管理粗放，形成顽固污染源，而快速城市化进程中工地扬尘全域分布、重型柴油车保有量激增，更使扬尘源和移动源污染贡献率超 50%。多重压力下，秋冬季 $PM_{2.5}$ 污染频发与臭氧超标问题，严重制约“科学之城”发展。近年来，重庆高新区以“源头管控、科技赋能、依法治污”为突破点，通过产业结构升级淘汰落后产能、构建“天地空”一体化监测网络、创新实施新能源车辆替代工程，推动 $PM_{2.5}$ 浓度 3 年下降 14%，优良天数突破 320 天，为探索特大城市生态治理与高质量发展协同路径提供了鲜活样本。

## 二、主要做法

### （一）高位推动，坚决扛起保卫科学城蓝天政治责任

注重顶层设计。将蓝天保卫战作为“生态惠民一号工程”，建立

“1+N”政策体系，动态更新污染源清单，针对性制定夏防臭氧、冬控细颗粒物等季节性攻坚方案。

压实责任链条。成立由党工委书记、管委会主任双牵头的环保督察及美丽科学城重庆高新区领导小组（蓝天工作组），通过专题会议、曝光警示、领导包案等机制推动“党政同责、一岗双责”落实，形成“月调度、季研判、年考核”闭环管理。

创新考核机制。出台全国首个高新区级《生态环境保护责任清单》，实施“过程＋结果”双维度考核，对10个镇街和重点部门开展空气质量动态提示、工作督办，倒逼扬尘管控、企业减排等任务落地。

完善保障体系。建立污染源网格化“定点定人”管理模式，统筹中央及市级专项资金超3亿元，创新施工扬尘环保税征管协作机制，配套重污染应急、清洁生产激励等政策，形成“政策引导＋资金保障＋技术支撑”协同治理格局，为科学城高质量发展筑牢生态基底。

### （二）源头治污，调整优化产业能源结构

严格环境准入机制。通过淘汰“两高”项目、整治“散乱污”企业，推动制造业向高端化、智能化、绿色化升级，构建集约低碳的现代化产业体系。

深化能源体系变革。统筹推进清洁能源替代和终端消费电气化转型，加快光伏、储能等新型基础设施建设，强化企业清洁生产审核，实现能源利用效率与低碳化水平双提升。

创新空间治理模式。科学编制国土空间规划与“三线一单”分区管控方案，差异化划定生态保护单元和重点管控单元，构建“多规合一、精准

施策”的国土空间治理体系，从源头强化生态保护红线约束和资源集约利用。

### （三）精准治污，推进多污染物协同控制

聚焦工业源深度治理。实施挥发性有机物（VOCs）和氮氧化物协同减排工程，通过“源头替代+过程管控+末端治理”全链条整治，推动涉气企业升级治理设施，强化活性炭更换及废气收集设施整改，对混凝土搅拌站等建材加工场所开展综合治理。

创新移动源治理模式。率先制订移动源污染防治五年行动计划，推动新能源渣土车、环卫车等规模化替代，构建“车—路—油”协同监管体系，强化运输结构低碳转型。

深化扬尘源智慧管控。创新实施建筑工地“红黄绿”分级信用管理制度，建立跨部门环保税征管协作机制，通过在线监测和视频监控实现5万平方米以上工地扬尘实时监管，连续5年打造市级扬尘示范工地。

强化生活源精细化治理。全域推广无烟环保熏制服务，建成餐饮油烟在线监测平台，实现重点区域“三个100%”管控，联合周边区县编制餐饮油烟治理技术指南，并通过集中便民摊区建设、净化设施统一安装等措施规范游摊管理。

### （四）科技治污，持续增强大气攻坚现代化治理能力

打造智能化监测网络。通过空气质量标准站、微观站、高清视频观察站构建三级网格化监测预警系统，结合走航监测、无人机巡查、AI智能识别等技术实现重点区域污染源精准锁定与动态监控。

创新数字化管理模式。按照“分级分类”原则绘制全域污染源地图并

集成至智慧平台，建立“一源一策”分级减排机制，将敏感区域污染源纳入气象条件联动管控体系。

深化污染成因解析。综合运用排放清单编制、激光雷达扫描、污染物特征分析等手段，科学识别污染源贡献率及传输规律，为精准溯源、预报预警和应急管控提供数据支撑。

图 1-5 西部科学城重庆高新区农马立交综合能源示范站

## 三、经验与启示

### （一）坚持高位推动与思想引领，压实政治责任与发展导向

必须坚定不移贯彻习近平生态文明思想，坚持“绿水青山就是金山银山”理念，将经济高质量发展与生态环境高水平保护同谋划、同部署、同落实（如主要领导常务会必听汇报、分管领导定期主持攻坚会）。严格落实“党政同责、一岗双责”，立足区域发展战略（如成渝双城经济圈生态

共建、西部科学城建设），将打赢蓝天保卫战作为推动绿色高质量发展、建设先行示范区的根本遵循和重要抓手。

## （二）构建常态长效工作机制，强化责任落实与协同联动

打赢蓝天保卫战需建立健全预警调度、巡查检查、通报约谈等常态长效机制，以制度完善推动责任落地。关键在于精心设计并严格执行考核机制，形成有效激励约束（大气考核占生态环保考核的50%，年终斗硬考核）。同时，需发挥协调指挥机构，特别是蓝天工作组作用，结合季节特点制定针对性攻坚方案，加强部门横向协同与镇街纵向联动，形成“各负其责—齐抓共管—运转高效”的工作格局。

## （三）聚焦精准施策与系统治理，统筹源头防控与末端治理

大气污染治理是长期系统工程，必须坚持标本兼治、精准发力。要聚焦优良天数、细颗粒物浓度等关键指标，以污染物减排为总抓手，统筹推进源头防控与末端治理：源头重在优化产业结构布局，如关闭“散乱污”企业、实施“腾笼换鸟”，为优质产能腾挪空间；末端重在强化工业废气、移动源、扬尘、生活源等污染源的管控。综合运用执法检查、监测、帮扶、智慧监管等手段，并注重推动产业链跨区域融合等区域协同，实现精准施策、久久为功，最终提升环境质量，满足人民对美好生活的向往。

# 践行“两山”理念　筑牢生态安全屏障

## ——秀山锰污染综合治理的探索实践

绿水青山就是金山银山。习近平总书记深刻指出，“我们土地是不少，但同 14 亿人口的需求一比，又是稀缺资源！建城市、搞工业、保生态都要用地，必须精打细算，排出优先序，绝不能占用耕地和违背自然规律去搞造林绿化”[①]。党中央、国务院围绕净土行动连续出台系列文件，统筹土壤污染风险管控和绿色低碳修复，深入开展重点行业重金属污染综合治理，有效管控重点区域重金属污染，规范有序推进土地整治，切实维护生态环境安全和人民群众健康。土壤环境事关家家户户的米袋子、菜篮子、水缸子。近年来，重庆持续深入打好净土保卫战，切实让人民群众吃得放心、住得安心，在“山清水秀美丽之地”建设中有更多获得感、幸福感、安全感。

### 一、背景情况

2018 年 5 月，习近平总书记在全国生态环境保护大会上强调，“要全面落实土壤污染防治行动计划，突出重点区域、行业和污染物，强化土壤污

① 习近平：《坚持把解决好“三农”问题作为全党工作重中之重　举全党全社会之力推动乡村振兴》，《求是》2022 年第 7 期。

染管控和修复，有效防范风险，让老百姓吃得放心、住得安心”[①]。2018 年，中共中央、国务院印发《关于全面加强生态环境保护坚决打好污染防治攻坚战的意见》，提出“扎实推进净土保卫战”。2024 年 1 月中共中央、国务院发布《关于全面推进美丽中国建设的意见》，明确“持续深入打好净土保卫战”的目标任务。同年，生态环境部也会同多部门印发《土壤污染源头防控行动计划》，对加强土壤污染防治作出整体部署。近年来，秀山土家族苗族自治县把淘汰锰行业落后产能和推进锰污染治理作为重大政治任务、重大民生工程，举全县之力、集全县之智，从结构调整、污染治理、生态修复、生活方式等方面，打好“控增量、减存量、提质量”组合拳，以锰污染治理为牵引推动生态环境质量稳步提升。

图 1-6　宋农渣场治理后

① 《习近平：坚决打好污染防治攻坚战　推动生态文明建设迈上新台阶》，《人民日报》2018 年 5 月 20 日。

## 二、主要做法

### （一）创新构建分级治理技术体系

紧扣“系统治理、科学治理、精准治理”核心原则，系统编制《历史锰渣场环境风险管控技术指南（试行）》（以下简称《指南》），明确渣场分级分类治理的技术路径与标准规范。依托详实的环境现状调查与水文地质勘察数据，对全域23个锰渣场开展精细化风险评估与等级判定，为差异化治理策略提供科学决策依据。该《指南》获生态环境部高度认可，作为示范性技术成果在“锰三角”地区全域推广，推动治理模式从传统经验驱动向标准化、体系化科学引领转型升级。

### （二）“一场一策”靶向攻坚关键难题

以“一场一策”为精准施治核心，联合国家级科研团队制定“1个总方案+23个专项方案”治理框架。针对岩溶裂隙发育、地下水渗流复杂等地质难题，探索应用地下水精准阻断、渗滤液辐射抽提等8项治理技术，攻克岩溶区污染阻控技术“瓶颈”。实施原位风险管控（“强化防渗系统+渗滤液高效收集”）、异位转场治理（“锰渣彻底清挖+场地生态修复”）的差异化工程，实现治理措施与场地风险的精准匹配。

### （三）多元资金保障与长效运维

构建“国家支持引导+地方多元融资”资金保障体系，积极争取国家部委及市级专项资金，同步通过财政优化配置、银行绿色信贷、国家生态债券等市场化手段补足资金缺口。治理工程竣工后，创新引入第三方专业机构实施设施运维与效能监管，确保污染治理设施稳定运行、达标排放，形成“工程实施—专业运维—动态监管”的全周期管理闭环。

### （四）生态共识深化与源头根治

通过县委常委会、县政府常务会等专项会议强化政治担当，将督察整改作为践行“两个维护”的实践检验，深化“生态是发展生命线”全域共识。铁腕淘汰不符合环保、安全标准的落后产能（29 家锰矿开采企业、19 家电解锰生产企业全面淘汰退出），彻底切断新增污染源头。23 个锰渣场分级治理全面完成，同步推动区域环境质量系统性改善，生态安全屏障功能显著增强。

图 1-7　鑫发电解锰渣场整治前

图 1-8　鑫发电解锰渣场整治后

## 三、经验与启示

### （一）高位统筹凝聚合力，构建协同治理格局

市、县两级坚决扛牢政治责任，成立主要领导任组长的锰污染整治工作领导小组，建立上下联动机制。针对治理技术难度高、时间紧等问题，主动对接国家部委，争取生态环境部技术帮扶组指导，实现治理思路、目标与进度的高度统一。

### （二）因地施策科学攻坚，创新技术标准体系

立足秀山岩溶裂隙发育、常规技术失效的难题，创新提出分级分类管控技术路线，编制《指南》，通过科学分级，差异化实施原位治理（18 个渣场）与转场清挖（5 个渣场），显著提升技术适配性。

### （三）靶向破解关键症结，精准控源增效降耗

坚持源头阻断与末端治理并重。建立水质模型严控渣场进水，源头削减渗滤液产生；针对地下水渗流难题，研发“帷幕灌浆 + 竖琴式井排导流 + 辐射井抽提”等 8 项行业首创技术，实现地下水入渗量减少 80% 以上、年锰释放量削减 87%。技术应用节约治理成本约 40%，出境断面锰浓度稳定达标。

### （四）绿色转型反哺生态，实现发展惠民“双赢”

淘汰落后产能（29 家锰矿开采企业、19 家电解锰生产企业淘汰退出），培育中医药、食品加工等绿色产业集群，推动地区生产总值突破 447 亿元（2024 年），连续 6 年位居西部百强县之列。环境质量持续改善（2024 年城区空气优良率 98.1%），生态资源转化为文旅、电商等新经济增长点，群众获得感、幸福感显著增强。

# 变废为宝　双废协同资源化

## ——园林绿化垃圾与城镇污水处理厂污泥利用的探索实践

习近平总书记强调，“要强化源头治理，推动资源高效利用，加大重点行业、重要领域绿色化改造力度，发展清洁生产，加快实现绿色低碳发展”[①]。国家陆续出台了系列重要政策，旨在加快构建覆盖全面、运转高效、规范有序的废弃物循环利用体系，促进高质量发展，厚植制度根基。为推进资源节约集约利用，加快构建废弃物循环利用体系，重庆市坚持技术创新和促进产品市场化销售“双轮驱动”，推动园林绿化垃圾处理与资源化利用，创造了许多生动的实践案例，这些创新做法为全国城市有机废弃物循环利用提供了可复制、可推广的“重庆范式”。

## 一、背景情况

党的二十大报告提出，“实施全面节约战略，推进各类资源节约集约利用，加快构建废弃物循环利用体系”[②]。2024 年，《国务院办公厅关

① 《习近平在参加内蒙古代表团审议时强调 完整准确全面贯彻新发展理念 铸牢中华民族共同体意识》,《人民日报》2021 年 3 月 6 日。

② 《习近平：高举中国特色社会主义伟大旗帜 为全面建设社会主义现代化国家而团结奋斗——在中国共产党第二十次全国代表大会上的报告》,《人民日报》2022 年 10 月 26 日。

于加快构建废弃物循环利用体系的意见》要求，根据各类废弃物来源、规模、资源价值、利用方式、生态环境影响等特性，分类明确废弃物循环利用主体责任和技术路径，因地制宜布局资源循环利用产业。重庆积极落实全面实施资源节约战略与废弃物循环利用体系建设的有关政策要求，创新构建有机废弃物分类处置与循环利用技术路径，着力破解不同形态废弃物的资源整合难题，探索形成超大城市有机固废协同治理新模式。

## 二、主要做法

### （一）建立有机废弃物循环利用体系

以生态文明建设为引领，创新构建“分散处理＋集中处置”有机废弃物循环利用体系，通过分级处理与资源整合实现“源于绿化、归于绿化”的生态闭环。在城乡基层网络建设中，依托标准化分散处理设施实现绿化垃圾就地转化，逐步建设覆盖全域的分布式处置节点。

同步打造市场化的协同集中处理中心，集成污泥与绿化垃圾协同处置技术，推动资源深度整合与规模化利用。通过深化产学研合作，持续开展处理工艺革新与关键技术攻关，构建起技术研发与产业应用互促共进的发展格局，全面提升有机废弃物资源化效率，为城市绿色低碳发展提供系统性解决方案。

图 1-9　双桥经开区污泥与绿化垃圾协同处置中心

## （二）建立有机废弃物循环利用技术支撑体系

依托重庆市风景园林科学研究院进行科技攻关，联合同济大学、重庆大学、西南大学等高等院校，通过十余项科技课题研究，成功研发“园林绿化垃圾协同城镇污水处理厂污泥处理和园林利用全链条关键技术”；同时，积极推广科研成果转化应用，将课题组研发成功的土壤改良基质、园林营养土等资源化产品应用于重庆市园林绿化工程，并取得了良好效果。成功建立了绿化垃圾单独堆肥及协同城镇污水处理厂污泥堆肥技术体系，实现了有机固体废弃物从处理到应用的全链条资源化利用。

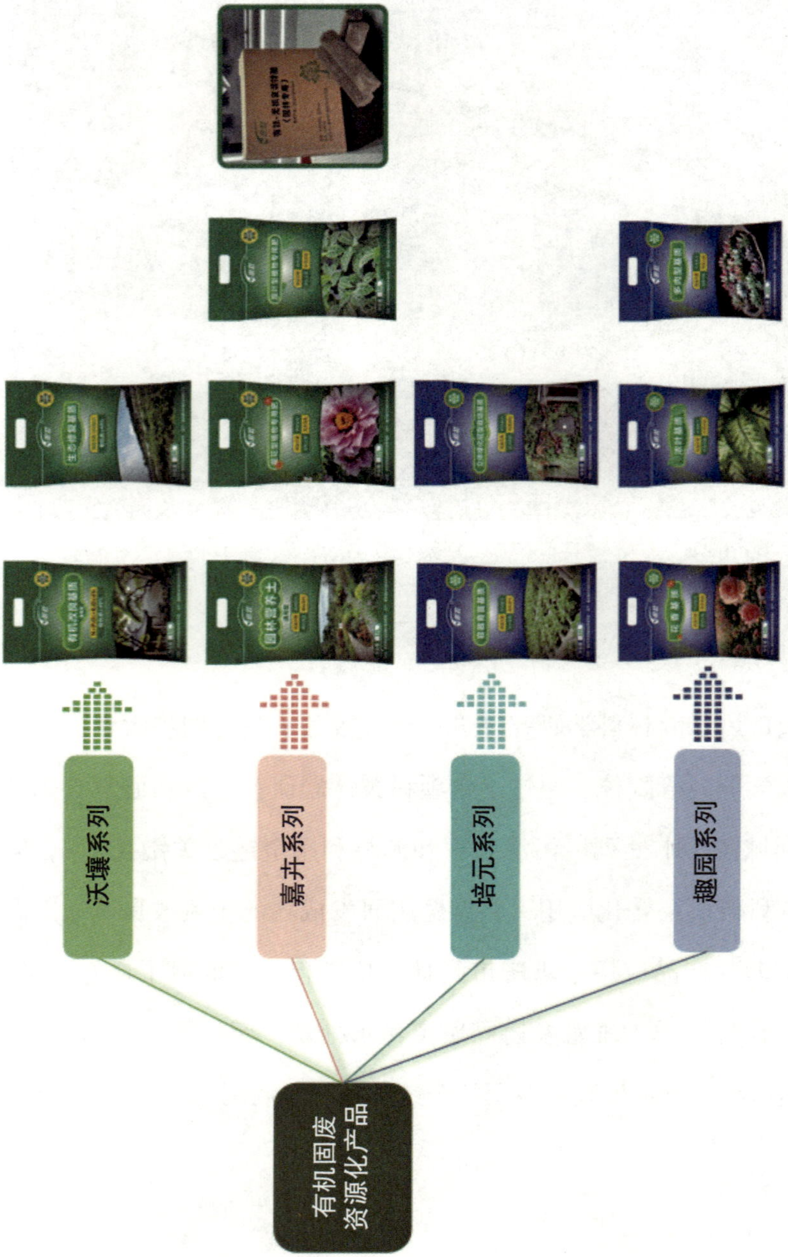


图 1-10 污泥与绿化垃圾生产的资源化利用系列产品名录

### （三）建立有机废弃物循环利用技术标准体系

以标准化建设为核心，系统构建有机废弃物科学治理体系。通过精准对接区域生态特征与资源化需求，建立涵盖“产品标准—技术规程—专项规划”的三级标准框架：率先实施《城镇污水处理厂污泥园林绿化用产品质量标准》，填补行业空白。

因地制宜编制《园林绿化垃圾资源化利用技术规程》，形成西南地区示范模板；同步推进全流程专项规划，系统优化“收集—运输—处理—应用”标准化链条。强化标准实施保障，开展全链条技术培训与标准宣贯，将“三化”处理理念深度融入基层实践，为城市绿色高质量发展构筑标准化治理新范式。

### （四）建立有机废弃物循环利用宣教传播体系

创新打造“科普传播＋教育实践”双轨驱动的生态宣教模式，系统构建公众参与长效机制。通过开发可视化科普资源库，运用新媒体矩阵搭建“云端＋实体”宣传平台，实现有机废弃物“再生”原理与价值的多维呈现。

同步实施“生态教育浸润工程”，联合教育部门开发情境式实践课程，将资源循环理念植入青少年素质教育体系。构建“社区工作坊—校园实验室—公众开放日”立体参与网络，推动生态知识传播从单向灌输向双向互动转型，有效培育全民生态责任意识，为绿色低碳发展厚植社会文化根基。

## 三、经验与启示

### （一）构建“三位一体”政策驱动体系

强化制度顶层设计。建立“标准引导＋规划统筹”的立体化政策框架，通过制定鼓励政策提高各方积极性，配套技术规程规范全流程操作，编制全域资源化利用专项规划，优化空间布局，力争形成从源头管控到终端应用的闭环制度保障。完善协同治理机制，构建“市级统筹—区县联动—部门协同”的跨层级协作平台，谋划建立联席会议制度与专项考核体系，将有机废弃物治理纳入绿色发展评价指标，推动建设、环保、市政等多部门形成治理合力。

## （二）创新“双链融合”市场运营模式

健全市场化运作体系，通过支持科技成果转化、鼓励PPP等模式激发市场活力，设计“政府补贴＋产品收益”的双轨收益机制，构建政府监管、企业运营、公众参与的可持续发展格局。延伸资源化价值链条，建立“协同处置—多元转化—市场应用”的产业链条，开发有机肥、栽培基质、生物质燃料等梯度产品体系，打通从技术研发到商业转化的市场通道，提升资源化产品的经济附加值。

## （三）打造“产学研用”技术创新生态

构建协同创新平台，组建涵盖高校、科研院所、龙头企业的技术创新联盟，重点突破多源有机废弃物协同处理、高值化转化等关键技术，形成具有自主知识产权的工艺包与装备体系。健全人才培育机制，建立“科研攻关＋工程实践＋职业培训”的复合型人才培养体系，通过校企联合培养、技术资格认证等途径，培育涵盖技术研发、工程运营、市场推广的专业人才梯队。

## （四）深化“全民参与”社会共治格局

建立“科普教育＋公众参与＋社会监督”的多元共治机制，通过新媒体传播矩阵构建资源循环知识普及网络，创新社区环保积分等激励机制，形成政府主导、市场运作、全民参与的治理新范式。

# 精准治废 打造“无废城市”新样板

## ——重庆构建“无废城市”量化评估体系的创新实践

习近平总书记指出，“要加强固体废物综合治理，加快‘无废城市’建设，全链条治理塑料污染，持续推进新污染物协同治理和环境风险管控”[①]。党中央高度重视“无废城市”建设，通过打造无废细胞，深化公众参与，强化无废理念，构建固体废物全链条治理体系，在工业、农业、生活等领域取得显著成效。重庆在“无废城市”治理过程中坚持理念创新、制度创新、实践创新，率先推出的“无废指数”量化评估体系，将“无废城市”建设的制度优势转化为治理效能，为超大城市固体废物综合治理提供了科学量化的“动态标尺”，形成具有全国示范价值的治理能力现代化转型“重庆方案”。

## 一、背景情况

2024 年 1 月，中共中央、国务院印发的《关于全面推进美丽中国建设的意见》提出要加快“无废城市”建设，到 2035 年实现“无废城市”建设全覆盖。这是全面治理固废污染、实现“减污”目标的重要举措，对于

① 习近平：《以美丽中国建设全面推进人与自然和谐共生的现代化》，《求是》2024 年第 1 期。

推进生态文明建设具有重要意义。重庆在全国率先启动全域“无废城市”建设，通过构建跨领域、跨部门、跨区域的固体废物协同管理体系，筑牢长江上游生态屏障。针对传统评估体系存在的指标分散、定量缺失、部门壁垒等痛点，创新推出“无废指数”，整合工业、农业、生活、建筑和危险废物五大领域核心指标，突破“多头管理、目标离散”的固废治理“瓶颈”，形成全域动态评估方法。这一实践既是落实国家“无废城市”试点部署及重庆市委“美丽重庆”建设要求的制度性创新，也是贯彻新《固体废物污染环境防治法》和美丽中国建设意见的具体行动，更是破解区县治理动力不足、提升固废管理效能的关键抓手。

## 二、主要做法

### （一）科学筛选设置指标

以鼓励固体废物源头减量和资源化利用为导向，聚焦“无废城市”建设中工业、农业、建筑、生活等领域，筛选出 7 大类 15 项指标，构建“无废指数”指标体系 1.0 版。会同相关市级部门、区县和领域专家共同商讨确定指标体系权重分配，突出指标对相关领域工作的引导和推动作用。围绕“无废城市”建设全国领先的目标，充分考虑重庆特点和各区县差异，灵活运用定性、定量相结合的评价方法，科学设置指标分档评价体系，市生态环境局联合 9 个市级部门于 2024 年 7 月印发《重庆市“无废指数”指标体系及测算说明方案（试行）》和《重庆市全域“无废城市”成效评估技术指南》，形成全市“无废城市”可持续建设的科学评估框架。

图 1-11　工作人员处理固体废物

### （二）精准甄别测算指标

建立市、区县数据“双核实”制度，严格数据采集流程，各单位“一把手”靠前监管，严控数据质量，每季度按时收集指标数据，确保“无废指数”数据采集的严谨性。优化建筑垃圾、再生资源等数据统计调查范围，统一数据采集方式和渠道，提升数据准确性、全面性。依托第三方技术单位开展区县季度“无废指数”测算与结果复核，并关联“巴渝治废”应用实时分析数据，针对异常数据开展原因分析与问题追踪，确保测算结果的客观性和精准性。

### （三）及时优化调整指标

每季度组织市级部门、相关领域专家召开“无废指数”专题讨论会，共同分析各区县“无废指数”结果，结合国家最新要求及各区县产业特征、各领域重点工作，差异化、动态化调整“无废指数”指标体系和分档标准，及时迭代升级“无废指数”指标体系 2.0 版本，形成各部门横向到边、各层级纵向到底的管理责任体系，进一步客观、动态地体现各区县“无废城市”建设综合成效。

### （四）正向输出应用指标

将“无废指数”纳入“885”工作机制[①]中的“生态报表”调度推动，实现“以评促建、以评促改、以评促管、以评促强”。建立“无废指数”直通区（县）委书记制度，定期进行排名通报，强化区县党委、政府的“无废城市”建设主体责任，提升区县“无废城市”建设的主动性、积极性和创造性。通过对各区县指标具体得分进行分析，精准归纳出区县“无废城市”建设的经典案例和短板弱项，开展宣传推广和针对性指导，实现“亮晒比促”，推动“无废城市”建设落细落实。

## 三、经验与启示

### （一）注重强化顶层设计，构建多元协同治理体系

以系统思维推进“无废城市”建设，通过凝聚市级部门、区县政府及开发区多方力量，形成党委领导、多方参与的协同共治格局。破除部门间信息壁垒，整合固废管理数据资源，不仅实现数据共享与精准治理，更为落实固废防治考核评价机制提供创新路径。这种跨层级、跨部门的联动模式，彰显了顶层设计对统筹推进生态治理的引领作用，为破解区域固废治理难题提供了组织保障与制度支撑。

① “885”工作机制是重庆市提出的党建统领工作体系，由“八张报表”“八张问题清单”和“五项机制”三部分组成，旨在通过目标引领、问题管控和闭环管理实现高质量发展。

### （二）注重创新考核机制，激发生态治理内生动力

以“无废指数”为核心，构建量化考核体系，将数据驱动融入治理全过程。通过动态优化考核标准，形成“赛马”竞争机制，有效激发区县及责任主体的积极性与创造性。该机制以目标为导向，聚焦短板弱项精准施策，推动固废治理从被动应对转向主动提升，实现治理效能的持续突破。这一实践表明，科学的考核体系是推动生态治理提质增效、达成长期目标的关键抓手。

### （三）注重培育示范标杆，以点上突破带动全域跃升

深耕“无废城市细胞”培育，打造多层次、广覆盖的示范单元网络，以点带面激活全域治理活力。通过挖掘园区、企业、区县的典型模式，形成可复制、可推广的经验样本，实现从局部突破到整体提升的跨越。这种以示范引领带动共建共享的模式，不仅放大了先进经验的辐射效应，更推动形成全社会共同参与生态建设的良好氛围。

# 第二篇　系统推进生态系统保护修复

生态保护修复是守住自然生态安全边界、促进自然生态系统质量整体改善的重要保障。习近平总书记指出，“要坚持系统观念，从生态系统整体性出发，推进山水林田湖草沙一体化保护和修复，更加注重综合治理、系统治理、源头治理”[①]。这一重要论述为生态保护修复提供了根本遵循。作为长江上游重要生态屏障和西部大开发战略支点城市，重庆深入贯彻习近平生态文明思想，统筹山水林田湖草系统治理，全面推进生态保护修复、绿色低碳转型、生态空间优化等重点任务。在“双碳”目标、长江大保护和成渝地区双城经济圈建设等国家战略叠加推进的背景下，重庆正加快建设美丽中国先行区，以更高标准、更强力度推进生态文明建设迈上新台阶。

---

① 习近平：《努力建设人与自然和谐共生的现代化》，《求是》2022 年第 11 期。

# 统筹保护修复　助推经济增长

## ——重庆市提质建设“两岸青山·千里林带”

习近平总书记指出，“林业建设是事关经济社会可持续发展的根本性问题”[①]。党中央高度重视森林资源保护，通过推行林长制，实施天然林全面保护，划定生态保护红线，运用“天上看、地面查，网上管”的智能化监管体系等一系列举措，推动了森林高水平保护和高质量发展。重庆市积极响应，通过出台政策、制定细则，大力推进森林资源保护和价值增值工作，致力于将“绿水青山”转化为“金山银山”。

### 一、背景情况

2016 年 1 月，习近平总书记在重庆主持召开首届长江经济带发展座谈会，明确提出“把修复长江生态环境摆在压倒性位置”[②]，首次强调“共抓大保护，不搞大开发”[②]，为长江经济带发展定下生态优先的基调。2020 年，中央审议通过《成渝地区双城经济圈建设规划纲要》，提出“两岸青山·千里林带”等重大生态治理工程，为长江上游地区生态屏障建设

① 《坚定不移爱绿植绿护绿（习近平讲故事）》，《人民日报海外版》2019 年 4 月 4 日。
② 《习近平：走生态优先绿色发展之路　让中华民族母亲河永葆生机活力》，《人民日报》2016 年 1 月 8 日。

提供了制度和政策保障。习近平总书记又多次就长江经济带发展作出重要指示，强调“在高水平保护上下更大功夫，以高水平保护支撑高质量发展”[①]。

为贯彻落实习近平总书记重要指示精神，重庆将筑牢长江上游重要生态屏障作为战略任务，围绕长江、嘉陵江、乌江、涪江等流域的水土流失、生态脆弱等问题，系统推进生态修复与绿色发展。2020 年底，《长江重庆段“两岸青山・千里林带”规划建设实施方案》正式印发，计划 10 年营造林 315 万亩，覆盖长江干流及嘉陵江等主要河流两岸区域，涉及 28 个区县。通过构建稳定的森林生态系统，进一步提升水土保持、生物多样性、生态涵养等功能，为长江经济带高质量发展提供坚实的生态支撑。

## 二、主要做法

### （一）坚持问题导向，制定统一规划方案

重庆统一规划，在长江干流重庆段及三峡库区回水区、嘉陵江、乌江和涪江重庆段第一层山脊线范围内开展建设，涉及 28 个沿江区县，重点提升森林数量、质量和综合效益，同时加强林草资源、湿地资源的保护，推动自然保护地建设与管理，强化林业综合执法监管。项目实施后，江河两岸森林得到有效保护，生物灾害防控成效显著，森林结构逐步优化，水土流失明显改善，生物多样性大幅提升，水源涵养功能增强，为人民群众

① 《习近平主持召开进一步推动长江经济带高质量发展座谈会强调　进一步推动长江经济带高质量发展　更好支撑和服务中国式现代化》，《人民日报》2023 年 10 月 13 日。

提供了良好的生态环境。

### （二）坚持科学系统治理，构建一体化生态保护格局

高水平分类指导，优化生态屏障。在水平治理上，科学划分生态功能分区，实施“三类”分类指导：一是峡谷生态屏障类，全面保护峡谷自然生态环境和生物多样性，提高水土保持能力；二是浅丘产业生态屏障类，坚持生态优先、绿色发展，重点布局柑橘、笋竹、荔枝、龙眼等特色生态产业，推动生态农业和林业融合发展，实现绿色产业引领；三是城镇功能生态屏障类，结合城乡生态修复，开展城镇及各类园区绿化、零星间隙地植树和林相提升改造，优化人居环境。

立体空间统筹，构建多层次生态格局。在立体空间统筹上，构建“四带”生态格局，形成山水相依、系统连通的保护修复体系：一是高山生态防护林带，加强自然保护与生态修复，实施退化林修复和森林抚育，提升生态系统稳定性；二是中山生态产业发展带，推动生态经济协同发展，促进乡村振兴与绿色增长；三是滨江生态隔离带，构建沿岸绿色屏障，提升水质净化和生物栖息功能；四是消落区固土涵养生态带，综合运用植被修复、土壤改良等措施，强化水土保持功能。通过科学分类、系统治理、多层次协同推进，构建从山顶到江河的一体化生态保护与修复体系，实现生态安全、绿色发展和可持续利用的有机统一。

### （三）强化多元参与和生态共建，推动绿色产业促进民生发展

推动生态产业融合，促进绿色发展。“两岸青山·千里林带”建设始终坚持“绿水青山就是金山银山”的理念，充分挖掘区域资源禀赋，创新“林带＋业态”模式，推动林业与生态旅游、特色产业、就业增

收深度融合。因地制宜发展特色经济林、林下经济、康养旅游等绿色产业，同时通过林地流转、劳务用工、产业带动等方式建立利益联结机制，实现林农在家门口就业、山上增收，促进生态效益与经济效益“双赢”。

因地制宜发展特色产业，助推乡村振兴。依托地方特色资源，各区县积极推进特色林业产业发展。巫溪县对柚子、青脆李、花椒、柑橘等特色经济林进行补植换优，提高园地产出效率，亩均产量提升20%；石柱土家族自治县建成千亩粮油、万亩柑橘、万亩花椒基地，带动沿岸林农增产增收；涪陵区新植“妃子笑”荔枝树20多万株，并建设南沱镇治坪荔枝示范园；奉节县大力发展脐橙产业，构建山地特色现代化产业体系。这些特色产业的发展，不仅提升了区域经济活力，也有效推动了乡村振兴。

打造生态景观廊道，提升人居环境品质。在改善生态环境的同时，各地结合实际，打造生态景观与旅游资源。万州区以“线上连接成廊、点上聚焦成景”为总思路，推动农村人居环境整治和旅游景点绿化建设，构建功能统一的滨江生态隔离带；酉阳土家族苗族自治县在乌江沿岸栽植栾树、枫香等彩叶树种，助推“百里乌江画廊”与龚滩古镇成为乡村旅游目的地；沙坪坝区依托项目对川外小铁路进行景观营造，创新打造“热带雨林”景观，成为“网红打卡点”；潼南区从“小”处着手，推进全境绿化，探索出江岸立体生态修复新模式。这些举措不仅提升了生态景观质量，也为市民提供了更加宜居的生态环境。

图 2-1　长江两岸青山壮丽景色

## 三、经验与启示

### （一）坚持系统性规划与整体性保护并重

通过综合考虑区域的地形、生态功能和经济条件，科学划分生态功能分区并实施分类治理，确保了治理措施的精准性和高效性。在未来类似的生态保护项目中，必须从全局出发，进行系统化的规划设计，而不仅仅是局部问题的解决。这种跨学科、跨部门的协调与整合能够确保资源的合理配置，并避免碎片化管理导致的效果不佳。此外，整体性保护要求生态保护与经济发展并行推进，在保障生态功能的同时，也考虑到区域的社会经济发展，最大化提升项目的社会效益与经济效益。

### （二）坚持绿色产业与生态保护的深度融合

在“两岸青山 · 千里林带”工程中，生态产业与地方特色产业的融合促进了乡村振兴与经济增长。特别是通过林业与生态旅游、特色农业等产业的深度融合，推动了生态效益与经济效益的“双赢”。生态保护与经济发展相辅相成，绿色产业的发展能够成为推动生态保护的强大驱动力。各地应根据自身的资源禀赋与产业特点，探索和发展特色绿色产业，如生态农业、林下经济和康养旅游等，从而同步推进生态环境改善与地区经济的可持续增长。这种模式不仅有助于提高地方经济活力，也能为当地居民提供稳定的就业机会，进一步提升民生福祉。

### （三）完善生态修复与环境改善的多元参与机制

在“两岸青山·千里林带”建设过程中，多元主体的广泛参与是项目成功的关键。地方政府、各级部门、企业以及当地居民都积极参与到项目的规划和实施过程中。特别是生态产业的引入，不仅增加了项目的经济效益，也增强了民众对生态保护的认同感与参与度。未来类似项目的成功实施，需要构建更为完善的多元参与机制，确保各方利益的平衡与资源的共享。通过制定合理的利益联结机制，在生态修复和资源保护过程中找到共赢的路径，形成强大的社会支持力。此外，加强基层社区的环保意识和参与感，培养生态环保的社会责任感，对于提高项目长期效果至关重要。

### （四）创新生态景观建设与乡村旅游有机结合的路径

通过项目营造林建设与景观绿化、旅游资源开发等相结合，既提升了生态环境质量，也促进了乡村旅游的发展。例如，酉阳土家族苗族自治县通过在乌江沿岸栽植彩叶树种，打造“百里乌江画廊”，成功将生态景观与旅游资源相结合，吸引了大量游客，提升了当地的经济收入。这一经验启示我们，在实施生态保护项目时，可以将生态景观建设与文化旅游、地方特色产业相结合，推动“绿水青山”转化为“金山银山”。这种发展模式能够有效促进区域经济多元化，增加当地居民的收入，带来持续的社会效益与经济效益。

# 十年禁渔　守护长江母亲河

## ——系统推进长江流域禁渔管理与水生生态保护实践

长江禁渔是为全局计、为子孙谋的重要决策。习近平总书记指出，“长江‘十年禁渔’是一个战略性举措，主要还是为了恢复长江的生态”①。自2021年“十年禁渔”工作正式启动以来，党中央、国务院坚持“中央统筹、部门协同、省负总责、市县抓落实”的工作机制，有力保障退捕渔民安置，平稳推动禁捕水域管理，水生生物资源持续向好。重庆积极推动退捕禁渔工作，通过构建健全的长效机制、推进退捕安置、强化执法监管、拓展数字治理路径以及聚焦库区生态修复等多元措施，实现了渔民安置“稳得住”、禁捕秩序“管得牢”、生态修复“见成效”的良好局面。

### 一、背景情况

长江是中华民族的母亲河，其水生生物资源与生态系统稳定性对于国家生态安全意义重大。为遏制过度捕捞对生态系统造成的破坏，国家在长江流域重点水域全面实施“十年禁渔”政策。重庆地处长江上游，生态地位极为重要，是落实该政策的关键区域。自2019年起，重庆将

① 《万里长江绘宏图——习近平总书记沪苏纪行》，《人民日报》2020年11月16日。

禁渔工作视为践行“共抓大保护，不搞大开发”理念的具体体现，统筹推进退捕渔民安置、执法监管、水域治理、技术赋能与生态修复等系统工程。自2021年起正式实施长江、嘉陵江、乌江等干流754条重要河流的“十年禁渔”。长江“十年禁渔”实施以来，重庆取得了四个方面的阶段性成效，退捕渔民稳定向好、禁捕秩序总体平稳、执法监管能力不断提升、水生生物多样性明显提升。国家部委和中央生态环保督察给予高度肯定，相关经验成功入选全国典型案例，形成了可复制、可推广的“重庆模式”。

## 二、主要做法

### （一）建立健全禁渔长效机制，推动实现工作体系由“条块”向“协同”转变

重庆市坚持系统治理理念，着力构建横向到边、纵向到底的禁渔治理体系。一是完善机制保障。组建由主要领导任组长的领导小组，建立“市统筹、区县负责”分级管理机制，统筹协调各项任务，切实提升治理效能。二是强化制度支撑。出台《关于促进和保障长江流域禁捕工作的决定》等法规文件，明确职责分工，织密制度笼子，形成“四梁八柱”法规体系。三是压实工作责任。将禁渔工作纳入河长制考核体系，强化督导问效，落实问题整改闭环管理。四是加强宣传引导。通过新闻发布会、巡展、典型案例等形式，营造全民禁渔氛围，同时建立“有奖举报”机制，引导群众广泛参与。机制健全、责任明晰、宣传到位，推动禁渔工作从多头管理走向协同共治。

图 2-2 渔政部门开展禁渔期巡查工作

### （二）做实做细退捕安置保障，推动实现渔民从“退得出”向“稳得住”转变

聚焦退捕渔民安置保障，重庆市构建“就业兜底＋社保保障＋动态监测”三位一体安置体系。一是强化动态监测。实施“一卡两账”精准帮扶机制，重点关注大龄困难人群，借助数字工具实现动态掌握和智能管理。二是落实就业帮扶。分类施策推进“春风行动”等专项服务，提供定制化培训和职业推荐，开发公益性岗位吸纳就业，帮助 6 000 余名有就业意愿的退捕渔民全部实现稳定就业。三是夯实社保底线。全面覆盖养老、低保等政策，确保应保尽保、应兜尽兜。截至目前，全市符合条件的 1 万余人全部参保，2 700 余人领取养老待遇。通过全过程服务和精准帮扶，确保退捕渔民从“上岸”到“上岗”、从“有保障”到“可持续”。

### （三）联勤联动加强执法监管，推动实现江河水面从“禁得了”向“管得住”转变

重庆市从“打、防、治、联”四维发力，构建全链条禁捕执法体系。一是强化联合打击。组织公安、农业农村等多部门开展“亮剑”“零点”等专项行动，严厉打击非法捕捞，全市累计破获刑事案件2 500余件，打掉团伙300余个，形成强大震慑。二是实现全面巡查。开展“四清”整治，取缔“三无”船舶3 000余艘，清理残网近8 000张，劝导违规垂钓超28万人次，涉渔市场整治问题7 400余个，显著降低非法捕捞风险。三是健全协同机制。与周边四省签订交界水域共管协议，设立禁捕警务室15个，视频监控覆盖江段1 200余条，实现跨区域、跨部门执法协同。依托河长制构建“四级”网格体系，“线上＋线下”共同守护禁渔秩序。

### （四）先行先试探索“长江治渔”应用，推动实现禁渔管理从“单靠人力”到“数字赋能”转变

积极探索“智慧禁渔”新路径，重庆市打造“数字政务 · 长江治渔”应用，推动禁渔管理提效增能。一是全域集成业务场景。围绕鱼类保护、退捕安置、执法监管三大领域，梳理177项业务、开发3 000余个功能点，实现禁渔工作数字化覆盖率达95%。二是AI提升监管能力。部署AI算法识别涉渔行为，实现自动预警与闭环管理；开发“禁渔巡河助手”，提升一线执法效率，减轻基层负担。三是实现三级贯通运行。将高频涉渔事件纳入市、区、基层三级治理平台统一调度，实现“发现—处置—反馈”全流程管理，处置闭环率超过95%。数字赋能实现“人防＋技防”融合，推动禁渔管理由传统向智能转型。

### （五）聚焦聚力保护库区生态，推动实现水生生物从“休养生息”向“生生不息”转变

坚持生态优先、系统治理，重庆市围绕种群保护、生境修复、监测评价，系统推进水生生物多样性提升。一是扩大种群规模。攻克长江鲟、胭脂鱼等珍稀鱼类人工繁育难题，年增殖放流鱼类超 1 500 万尾，珍稀品种占比超 10%。二是修复关键栖息地。完成 135 个鱼类产卵场摸底评估，发布 49 个重要栖息地名录，设立分区标识、布设人工鱼巢 30 万平方米，推动栖息环境恢复与优化。三是强化系统监测。在 14 条重点河流和 6 个保护区布设 41 个监测站，实现水生生物资源与水域生态的长期跟踪与综合评价。生态修复与保护齐头并进，长江重庆段水生生物完整性显著提升，珍稀物种出现频次明显增加，库区生态呈现“由乱到治、由治到兴”的良好态势。

## 三、经验启示

### （一）完善体制机制是实现禁渔治理协同高效的根本保障

坚持高位推动、统筹推进，建立工作领导小组，构建起“市负总责、区县抓落实”的工作体系。同时，通过健全法规制度、强化督导考核、加强宣传引导等系统性举措，为禁渔工作提供了坚实的法治和制度支撑，推动禁渔由“专项治理”向“常态管理”转变。事实证明，治理成效的持续巩固，离不开权责清晰、上下贯通、运行高效的工作机制支撑。

### （二）聚焦渔民转型安置是确保禁渔政策落地见效的关键一环

退捕渔民的稳定安置是禁渔政策的“后半篇文章”。必须坚持“稳得

住、能致富”导向，实施就业帮扶、社保兜底、跟踪监测“三个全覆盖”，创新推行“一卡两账”台账管理和“退捕渔民一键通”等服务工具，精准掌握就业状态与帮扶需求。通过开发公益性岗位、组织就业培训、强化兜底保障，实现了“人退渔不退、岸上有出路”，确保了政策执行的群众基础和社会稳定。

### （三）构建联勤联动监管体系是提升禁渔执法效能的重要支撑

强化多部门协同执法，形成“水上打、陆上管、市场查”全链条打击格局，同时联合开展“四清”整治和跨省联动，显著提升了禁渔监管实效。通过建设15个禁捕警务室、共享视频监控系统、建立多级网格化管理体系，实现了“区域协同、信息互通、执法同步”的立体化监管，推动执法监管从“查得住”向“管得牢”转变，为严防禁渔反弹提供了有力支撑。

### （四）推动数字化转型是提升禁渔治理现代化水平的有效路径

面对广覆盖、长周期的禁渔管理任务，积极运用“数字政务·长江治渔”应用，推动治理手段从人力驱动向科技赋能转型。通过构建三级贯通系统、开发AI识别预警功能、上线“禁渔巡河助手”，实现了工作指令智能流转、涉渔事件闭环处置、数据资源高效整合，大幅减轻基层负担，提高工作质效，探索出一条以数字治理赋能生态保护的可持续发展路径。

# 坚持“生态优先、人民至上、标本兼治”

## ——缙云山国家级自然保护区探索协同治理新路径

自然保护地是生态建设的核心载体，在维护国家生态安全中居于首要地位。习近平总书记强调，“要加快构建以国家公园为主体的自然保护地体系，完善自然保护地、生态保护红线监管制度”[①]。国家通过大力实施天然林保护工程，推进生态保护修复重大工程，强化生态保护修复监管，加大财政投入力度，有效促进天然林资源持续增长，国有林区经济社会转型升级发展加快，国际影响力显著提升。重庆通过积极推动林长制改革，实施“两岸青山·千里林带”治理工程，严格林地监管，有序推进天然林保护修复，实施各级分级管理，推动林业与文旅等产业融合发展。重庆市森林覆盖率稳定在55%以上，生态功能显著提升，珍稀动植物得到有效保护。

## 一、背景情况

缙云山是重庆主城都市区绿色生态屏障，是重庆的城市“绿肺”。但因管理体制不顺、执法不严，保护区曾出现违建马术场、酒店等项目，生态环境一度承压。2018年6月，习近平总书记对缙云山国家级自然保护区生态环境问题作出重要批示。重庆坚决贯彻落实习近平总书记重要批示精

① 习近平：《努力建设人与自然和谐共生的现代化》，《求是》2022年第11期。

神，践行“两山路”、走好“两化路”，始终坚持“保护生态、保障民生”，坚持“问题导向、系统治理、标本兼治”，聚焦七类突出问题，开展生态环境综合整治，构建保护长效机制，有序开展违规建筑拆除、污染企业关停、生态修复等行动，实现了缙云山生态环境显著改善。该工作经验获得中央生态环保督察组及国家相关部委充分肯定。

图 2-3　缙云山日出景观

## 二、主要做法

### （一）坚持高位推动、加强统筹协调

强化顶层设计，构建高效指挥体系。重庆将综合整治作为重大政治任务，纳入重要议事日程，确保工作有力推进。定期研究部署，总揽全局、协调各方，确保决策科学、执行高效。设立工作推进组，具体负责任务落实和动态调度，协调各级部门形成统一行动方案。在此基础上，各区、街镇设立相应指挥机构，形成“市级统筹—区级主抓—街镇落实”的三级联

动机制，确保整治工作上下贯通、执行到位。此外，政府还通过立法手段加强制度保障，制定专项行动方案及配套政策法规，确保整治工作有法可依、有章可循。通过一整套完善的组织体系，推动整治工作形成强大合力，为提升城市环境质量奠定坚实基础。

强化督导调研，确保决策精准落地。中央国家部委领导同志多次深入实地调研，详细了解整治进展情况，并提出针对性指导意见，确保整治政策执行到位。为提高决策的科学性和精准度，市委、市政府主要领导高度重视，先后组织多轮实地考察，针对重点区域和难点问题，现场办公、精准施策，确保整治措施符合实际、行之有效。同时，各级政府建立“月度督查＋季度评估＋年度考核”制度，定期对整治工作开展情况进行系统评估，发现问题及时整改，形成“发现—整改—评估—优化”的闭环管理机制。此外，市级督导组与基层单位建立直接沟通渠道，确保一线问题能够迅速上传、及时解决，提高整治工作的执行效率和精准度。

建立协调联动机制，凝聚工作合力。为确保整治工作的系统性和高效性，市级部门成立专项工作专班，抽调精干力量集中攻坚，形成部门协作、信息互通、责任共担的工作格局。各区在市级统筹下，结合自身情况细化任务分工，形成“区领导包片、街镇领导包组、干部包户”的责任体系，确保每个环节都有专人负责，每项任务都有明确目标。同时，整治工作引入社会力量，依托人大代表、政协委员、专家学者等第三方进行独立评估，增强社会监督力度，提高整治工作的公信力和透明度。

### （二）坚持健全工作方案、明确目标任务

健全工作方案，明确目标任务。综合整治工作以系统思维为指导，坚

持全局统筹、精准施策的原则，制定科学合理的整治方案，确保各项措施有章可循、执行有据。市委督查办、市政府督查办牵头，组织相关部门和专家，全面梳理整治内容，明确验收标准、时间节点及责任单位，形成科学完备的实施方案。在此基础上，各区结合实际情况，进一步细化方案，确保整治措施因地制宜、精准可行。同时，为确保整治工作有序推进，建立“台账管理＋动态更新＋定期通报”机制，对整治进度进行实时跟踪，确保各项任务按计划推进。此外，政府加强政策宣传和法律解读，提升社会各界对整治工作的认同度和支持力度，形成全社会共同参与、齐抓共管的良好氛围。

强化过程监管，构建全链条督查体系。为确保整治工作高效推进，政府成立由16名专业人员组成的专项督查组，采取进驻式、常态化、全过程督查模式，实施“明查＋暗访”相结合的监管机制。督查组深入整治现场，实时掌握整治进度，发现问题立即反馈、限期整改，确保整治工作不流于形式。同时，邀请人大代表、政协委员、新闻媒体及公众代表参与监督，增强整治工作的透明度和公信力。此外，各区定期开展自查自纠，建立问题清单，逐项落实整改措施，形成“发现问题—整改落实—督查验收”的闭环管理模式，确保整治工作不留死角、不走过场。

严格验收销号，确保整改成效。为确保整治质量，政府研究制定违法认定及整治验收标准，实行“市级—区级”两级验收机制，确保整治成果经得起检验。区级验收由属地政府组织实施，对照整治标准进行初步核查，确保整改措施落实到位后，再由市级部门进行抽查复核，确保整治工作达到既定目标。对于未达标项目，实行“一票否决”制度，限期整改并重新验收，直至符合要求。此外，为确保整治成果的可持续性，建立“回头看”机制，定期开展复查，防止问题反弹，确保整治工作取得长效实效。通过严格的验收标准和科学的管理流程，实现真整改、实整改、严整改，推动城市环境质量持续改善。

### （三）坚持因地制宜、精准施策

深入摸底排查，建立精准整治台账。成立20个专业调查小组，全面摸清保护区内建筑物现状，系统建立包含3 085个（宗）建构筑物的数据库和图库，并形成340张具体问题清单。通过分类整理和问题研判，厘清不同问题的历史背景、形成原因及潜在影响，为下一步精准整治提供科学依据。

因地制宜制定策略，精准拆违治乱。针对不同类型的违建问题，按照“区领导包片、街镇领导包组、干部包户”的责任机制，分层分级精准施策。对于历史遗留的建设问题，坚持依法依规、分类处置；对于新增违法建设问题，采取“零容忍”态度，坚决予以拆除；对于特殊情况，充分考虑社会影响和群众利益，综合研判，确保整治既有力度，又有温度。

提供多元安置方案，稳步推进生态搬迁。根据实际情况，为涉及搬迁的群众提供“退地入城”和“异地迁建”两种安置方式。对符合条件的农户，积极协调城镇住房安置，确保其生产生活不受影响；对于愿意异地安置的群众，结合区域产业发展方向，配套完善基础设施，提供就业支持，确保搬迁群众“搬得出、稳得住、能致富”。

### （四）坚持保障民生、实现惠民有感

广泛凝聚共识，强化政策宣传与群众参与。在生态环境综合整治过程

中，充分尊重群众意愿，广泛听取民众诉求，构建共建共治共享的治理格局。通过召开村社院坝会、组织拆违对象及农家乐经营业主座谈会，深入倾听群众意见，增强政策的透明度与社会认同感。同时，党员干部主动下沉基层，累计入户走访3万余人次，精准摸排群众关切问题，及时解读政策标准，公开违建整治方案，增强政策实施的公信力和可操作性，确保综合整治工作得到群众的理解与支持。

完善社会保障，确保搬迁群众长远安置。在生态搬迁过程中，坚持以人为本，切实保障群众的基本权益和生活稳定。针对搬迁居民的社会保障需求，实施精准安置政策，完成城镇居民户籍转移2 000余人、城镇养老保险办理近1 500人，确保搬迁群众顺利融入新生活。同时，积极拓宽就业渠道，提供巡山守卡、森林防火、清扫保洁等700余个公益性岗位，助力搬迁群众实现稳岗就业，确保生计有保障、生活有依靠。

优化基础设施，提升人居环境与出行条件。坚持生态宜居和基础设施建设并重，通过整合财政资金超2亿元，全面提升搬迁群众的生活质量。实施生态搬迁安置房建设，已建成安置房1万余平方米，改善居民居住条件。同步推进环境综合整治，对建筑外立面进行美化提升，累计改造近4万平方米，优化村镇整体风貌，提升居住环境品质。同时，对保护区内原有道路设施进行升级改造，改善交通出行条件，提高区域可达性和通行效率，为生态保护与可持续发展奠定坚实基础。

### （五）坚持绿色发展、加快价值转化

修编缙云山保护区总体规划和各项专项规划，实施“一心四片”发展战略，以中共中央西南局办公地旧址为中心，打造文旅康体产业集群，构

建大生态、大旅游发展格局。建成全国首个新时代文明实践生态文明分中心，缙云山自然教育中心、生态文明教育展示馆对外开放，金刚碑历史文化街区正式开街，清欢渡、枣林里等民宿提档升级。优化管理体制机制，建成森林火情智能监控系统，启动“智慧缙云山”建设，加快提升整体智治水平。

图 2-4　缙云山全景

## 三、经验与启示

### （一）聚焦关键问题，实施精准治理

始终坚持问题导向，聚焦突出生态环境问题，实施精准整治。重点开展拆除违建、关停污染企业、生态修复等，确保每个问题都有明确的整改方案。尤其是针对违规建设的马术场、酒店等经营性项目，通过系统梳理、逐项清单化管理，有效解决了历史遗留问题。在此过程中，采用了“拆、关、停、清”四步法，将每项整改任务责任落实到具体人员，并通

过监管跟踪，确保问题不反弹。这一经验表明，生态环境治理必须立足现有问题，从源头入手，精准施策，确保整改工作不留死角。

### （二）强化生态修复，建设长效机制

缙云山的整治不仅仅是解决了当下的环境问题，更着眼于区域生态系统的长期稳定。在拆除违建和污染企业后，及时推进了生态修复工程，植被恢复、生态环境修复措施得以同步实施，增强了区域的生态承载力。此外，通过设立常态化的监管机制，加强日常巡查和违规行为的防范，避免了生态环境问题的复发。这一经验表明，生态环境整治必须与生态修复相结合，通过修复措施提升生态功能，并建立健全长效管理机制，确保保护措施得以持续。

### （三）保护与发展并重，发展绿色产业

在生态环境整治的同时，始终注重区域可持续发展的长远规划，探索“生态美、产业兴、百姓富”的发展路径。在整治过程中，通过合理引导和规范发展生态旅游和绿色产业，既保留了缙云山的生态资源优势，又为周边居民提供了就业机会，增加了居民收入。政府加强了对“农家乐”等生态旅游项目的规范管理，避免了无序开发带来的环境压力。这一经验表明，生态保护和经济发展并不矛盾，通过合理规划和产业引导，可以实现生态环境保护与经济社会发展“双赢”。

# 昔日生态“伤疤”转变为“城市绿肺”

## ——渝北区铜锣山矿区生态修复的创新实践

矿山地质环境恢复和综合治理，事关民生和生态环境保护，也关系到经济社会高质量发展。2023 年，习近平总书记在全国生态环境保护大会上强调，“新征程继续推进生态文明建设需要处理好几个重大关系”[①]，自然恢复和人工修复的关系是其中之一。近年来，国家坚持激励和约束并重的工作导向，加强政策创新和制度供给，积极构建政府企业社会共同参与、生产矿产和历史遗留废弃矿山新老问题解决的新机制，充分凝聚发挥各方力量，矿山生态修复工作不断加强。重庆结合自身特点，因地制宜开展生产矿山生态修复，成效突出，各具特色，涌现出了一批矿山企业履行矿山生态修复法定义务、展示矿山企业的社会责任和贡献的典范。

## 一、背景情况

铜锣山作为重庆市“四山”之一，承担着涵养水源、调节气候、维护长江生态安全等重要生态功能，被誉为“主城的肺叶”。然而，被丰富石灰岩资源吸引，当地采石企业数量不断增加，导致土地破坏、植被退化、

① 习近平：《在全国生态环境保护大会上的讲话》，《求是》2025 年第 15 期。

水土流失等生态问题日益严重。2010—2012年，重庆市全面关闭铜锣山渝北区区域内的所有采石企业，该区留下41个废弃矿坑和近15平方公里的生态退化区域。

为破解资源开发与生态保护的矛盾，重庆深入践行“两山”理念，将矿山修复纳入生态文明建设重点工程，推动铜锣山实现绿色转型。围绕“生态立区”战略，渝北区坚持“山水林田湖草是生命共同体”的系统治理理念，统筹实施“封山育林+人工修复+生态重建”等措施，开展地貌重塑、植被恢复、水土保持等工程，逐步修复受损生态。在此基础上，创新探索“生态修复+价值转化”模式，建设铜锣山矿山公园，实现生态、经济与社会效益的有机统一。2021年，铜锣山矿区被纳入生态环境部第五批“两山”实践创新基地，并入选自然资源部全国18个生态修复典型案例，成为城市矿山绿色转型的示范样板。

图2-5　铜锣山矿山公园

## 二、主要做法

### （一）坚持问题导向，厘清修复思路

以系统性治理为原则，全面开展基础调查，深入剖析铜锣山矿区的生态现状，编制《铜锣山山水林田湖草生态保护修复工程概念性规划》，科学梳理该区域水源涵养能力低、产品供给能力弱、生物多样性减少、乡村景观质量下降等主要问题。针对这些问题，提出“全面保护、自然修复、生态系统综合设计、协同共生设计”四大策略，明确生态保育、生态修复、合理利用、科普宣传等重点任务。修复工作不仅聚焦矿山生态系统的重建，还同步推进国土综合整治、国土绿化、水环境调查及修复等相关工程，形成多维度、综合性治理体系，确保铜锣山地区生态系统的整体恢复与功能提升。

### （二）坚持整体修复，恢复生态系统功能

遵循“山水林田湖草生命共同体”理念，按照“生态保育区、生态修复区、合理利用区”分区管理思路，统筹实施“山上—山腰—山下”梯度修复模式，分层分类推进生态治理。“山上”区域重点实施矿山公园环山公路沿线绿化提升工程，建设景观步道，强化生物多样性保护，恢复自然生态屏障。“山腰”区域主要针对废弃矿山及其影响区开展生态修复，重点修复裸露岩石植被，实施边坡稳定治理，同时开展矿坑水体生态修复，恢复水体自净功能，提升水生态质量。“山下”区域综合推进国土整治，包括田、水、路、林、村系统修复，同时统筹实施农村面源污染防治、地下水污染调查、村庄环境整治等 10 个专项行动。通过分区施策、精准修复，

重塑区域生态系统结构，提升整体生态功能，实现矿区生态系统的稳定性和可持续性。

### （三）坚持政策助推，构建长效机制

将生态保护修复工程与乡村振兴、产业发展、民生改善等工作统筹推进，充分整合各部门政策资源，探索试点新办法，形成政策组合效应。一是根据矿山公园建设需求，科学优化“四山”管控边界，将必要的景区配套设施纳入城市开发边界，合理布局建设用地予以保障。二是科学编制村庄规划，结合生态修复调整优化国土空间布局，推动铜锣山矿山公园建设与生态修复的良性循环。三是建立生态修复专项资金，通过整合铜锣山国土综合整治和矿山生态修复新增耕地指标收益、生态地票收益，由渝北区政府设立专项资金，确保山水林田湖草保护修复的持续投入。四是盘活利用闲置集体建设用地，采取农房整宗地收益权收储、村集体合作开发等方式，整合区域闲置建设用地资源，打通农村闲置建设用地合法利用通道。五是建立吸引社会资本投入的配套政策，按照矿山修复后可预留不超过 3% 建设用地作为产业配套的思路，吸引社会资本通过“谁投资、谁受益”等模式广泛参与矿山生态修复。

### （四）坚持“两化”引领，助推价值实现

依托保护修复后的优良生态资源，遵循“规划先行、局部推进、招商引资”原则，推动铜锣山生态产品价值实现。紧扣“城市绿肺、市民花园”定位，矿山公园总体规划坚持建设用地总规模只减不增的原则，适度布局文化休闲、养生养老、乡村旅游等配套设施。首开区约 1 800 亩已率先对外公益开放，2021 年春节期间试开放以来游人如织，高峰期单日接待

量达 2 万余人，被誉为重庆的“网红景点”，享有“小九寨”之称，生态产品价值转化成效显著。

## 三、经验与启示

### （一）生态修复与区域发展统筹协调，避免“就修复论修复”

铜锣山矿区修复经验表明，矿山生态治理不应孤立推进，而应与区域发展紧密结合。部分地区曾因缺乏系统规划，修复成效难以持续，甚至出现“边修复、边破坏”现象。坚持将矿山修复纳入城市发展与乡村振兴大局，推动生态治理与土地利用、产业升级协同推进，使修复工程成为区域经济生态双提升的抓手。这一经验说明，生态修复应走“生态 +”融合发展之路，实现可持续、多元化、高质量的治理目标。

### （二）创新政策与资金机制，破解“钱从哪里来”难题

矿山修复周期长、投入大，单靠财政难以为继。探索多元化资金机制，通过盘活土地资源，实现增值收益反哺修复，引入社会资本参与，形成“谁投资、谁受益”的利益导向机制。政府发挥引导作用，结合生态补偿、绿色金融等政策工具，建立可持续的投融资体系。这一做法破解了资金“瓶颈”，为全国矿山修复提供路径借鉴，即通过市场机制和政策创新激发治理动力，保障修复工程稳定推进。

### （三）生态修复与产业转型协同推进，实现生态价值转化

矿山修复不仅是生态工程，更是发展绿色经济的契机。在修复基础上打造矿山公园，发展生态旅游、研学、农业等新业态，实现从生态资源向生态资产、生态产业的转变。相比单一的植被恢复，这种方式提高了土地

利用效率，增强了修复成果的可持续性。生态修复要注重“修—用”结合，推动绿色产业发展，真正将生态优势转化为经济动能，实现生态与发展“双赢”。

### （四）创新治理模式，推动政府、市场、社会协同共治

传统矿山修复多依赖政府主导，缺乏多元主体参与，难以形成治理合力。探索“政府引导+市场驱动+社会参与”的协同机制，设立专项基金，引入社会资本，鼓励公众参与生态保护与监督，实现共建共治共享。通过预留建设用地、发展绿色产业，增强修复区域经济活力。生态治理应强化制度设计，构建多方协同机制，形成责任共担、利益共享、可持续推进的良性循环。

# 强化原生种群保护　探索资源可持续利用

## ——雪宝山国家级自然保护区崖柏保护与实践案例

生物多样性使地球充满生机，也是人类生存和发展的基础。习近平总书记在联合国生物多样性峰会上指出，“生物多样性既是可持续发展基础，也是目标和手段”[①]。党中央、国务院通过实施国家公园、国家植物园体系建设及野生动植物保护工程，生物多样性保护取得积极成效，大量珍稀濒危野生动植物种群稳步增长，栖息繁衍环境稳步改善。近年来，重庆设立重庆市生物多样性保护委员会，出台《重庆市生物多样性保护行动计划（2022—2025 年）》，强化全市生物多样性保护工作统筹协调，落实完善就地和迁地保护体系，推进全市县域生物多样性摸底调查和监测，生物多样性保护取得积极成效。

## 一、背景情况

崖柏是我国特有的珍稀濒危植物，是国家一级重点保护植物，被列入《“十四五”林业草原保护发展规划纲要》和《国家公园等自然保护地建设及野生动植物保护重大工程建设规划（2021—2035 年）》中“极小种群野生植物”名录。曾于 1998 年被国际自然保护联盟宣布野外灭绝，后于 1999 年在

① 《习近平在联合国生物多样性峰会上的讲话》，《人民日报》2020 年 10 月 1 日。

重庆雪宝山再次被发现，目前其野生种群仅分布在长约 15 公里、宽不足 1 公里的狭窄山地带内，数量不足万株。作为第四纪冰川遗留下来的孑遗植物，崖柏蕴含重要的遗传资源与科研价值，一旦灭绝将造成不可逆的生态损失。

重庆雪宝山国家级自然保护区位于大巴山南坡雪宝山山脉中段，是大巴山南麓与川东平行岭谷区的交会地带，同时也是秦巴生物多样性生态功能区与三峡库区水土保持生态功能区的叠加区域。该区域地貌类型多样，涵盖秦巴亚高山山地与中山深丘地形，拥有大片无人区和保存较为完好的生物生境，为丰富的动植物资源提供了栖息条件。近年来，重庆雪宝山国家级自然保护区通过严格的就地保护与野生资源监测、规模化人工扩繁与野外回归等措施，显著改善了崖柏的濒危状态。同时，保护区积极探索崖柏的可持续利用路径，开展适应性栽培试验和综合利用研究，开发崖柏精油等产品，提升其生态、社会和经济价值，为我国珍稀濒危植物保护提供了可借鉴、可复制的成功经验，也为全球生物多样性保护贡献了“中国方案”。

图 2-6　科研团队在悬崖峭壁上开展崖柏野生种群资源普查

## 二、主要做法

### （一）制度化保护与数字化监测，筑牢野生资源守护屏障

在保护区共建共治共享机制支撑下，崖柏野生资源实现全方位、无死角的科学保护。国内首个区域性崖柏资源数据库作为“数字宝藏”，为种群监测、栖息地评估、科研分析等工作提供了坚实的数据基础，让保护管理更加精准高效，科研探索更加有据可依。

### （二）繁育科研协同推进，极度濒危状况显著改善

依托西南地区首个以自然保护区为主体的珍稀濒危植物繁育科研平台，系统推进人工繁育、野外回归与基础研究。至今，累计人工繁育崖柏幼苗 270 万余株，野外回归 72 万余株，覆盖面积超 4 500 亩，在种群生态学、保护遗传学等领域取得重要成果，为全国珍稀濒危植物保护积累了可推广、可复制的实践经验。

图 2-7　科研人员进行崖柏采样

### （三）多维价值深度挖掘，推动可持续利用创新突破

开展适应性栽培试验，建立起44个试验示范基地，探索出一条“修复生态＋特色产业”的融合路径。在资源综合利用方面，开发崖柏精油香用衍生产品10余种，注册商标68项，其中崖柏精油更作为2024年重庆国际友好城市合作大会的官方礼品走出国门，提升了国际影响力。与此同时，保护区科研基地带动周边4个乡镇500余人实现本地就业，年均增收超过300万元，切实将生态优势转化为发展红利。

## 三、经验与启示

### （一）构建多部门协同的就地保护机制，提升珍稀濒危植物的原生地保护成效

重庆雪宝山国家级自然保护区积极探索上下联动、区域协同的就地保护机制，建立市区两级野生崖柏资源保护联席会议制度，形成“市生态环境局—市林业局—属地政府—保护区”四方联动的常态机制。通过资源共享、联合执法、应急处置、宣传教育等综合措施，打造了一套覆盖严密、响应快速的保护体系，有效应对盗伐、病害等风险，筑牢珍稀濒危植物就地保护屏障，为全国类似保护区提供了制度化、规范化的治理样板。

### （二）以科技赋能资源普查与监测，构建精细化保护决策支撑体系

保护区开展“拉网式”野外普查，利用无人机RTK、高精度GPS和GIS等先进技术，对每一株胸径大于4厘米的野生崖柏进行定位、编号和生境信息采集，构建起动态更新的种群数据库和分布图谱。通过系统分析崖柏的种群结构、致危因子和生境变化，掌握野生资源演替规律，实现从

“摸清家底”到“精准施策”的科学转变，为国家级保护区物种精细化管理提供实践范本。

### （三）搭建高水平科研平台，实现濒危植物人工扩繁与回归的技术突破

依托国家级自然保护区的管理优势，保护区联合中国林科院、北京林业大学等顶尖科研机构及公益组织，建成多个崖柏繁育与实验基地，集采穗圃、苗床、实验室和基质车间于一体，具备年产200万株珍稀苗木的能力。通过科技攻关攻克了崖柏繁殖率低、育苗成活难等技术“瓶颈”，推动崖柏规模化人工扩繁走向成熟，极大提升了濒危植物就地保护的主动性和有效性。

### （四）推动濒危植物原生地规模化回归，强化野外种群恢复

结合生态修复和林业建设工程，保护区制定并实施了崖柏野外回归战略。通过新造林、退化林修复等方式，累计实施回归面积超4 500亩、种植崖柏超72万株。原生地回归不仅有效扩大了野外种群数量和分布范围，还增强了物种在自然生态系统中的竞争力与稳定性，为全国濒危植物原生地回归提供了成规模、成体系的技术路径和实施经验。

### （五）探索珍稀濒危植物保护与可持续利用协同发展，拓展综合效益的发挥

在就地保护和规模化人工繁育取得显著成效的基础上，培育崖柏苗木产业，开展崖柏香用、药用产业化研究；创新性地在全国开展大范围的适应性栽培研究，让崖柏耐寒、耐瘠薄、耐干旱的优异特性能服务于广大生态脆弱地区，成为这些地区生态治理和生态修复的优选树种。推动生态保护与社会经济发展的良性互动，实现生态效益与经济效益的“双赢”。

# 第三篇　打造全市域整体大美风貌

习近平总书记指出，“环境就是民生”[①]。良好的环境不仅是人民群众所追求的美好生活的重要内容，更是创造美好生活所必需的空间载体。党的二十大报告将“城乡人居环境明显改善，美丽中国建设成效显著”[②]列入未来五年的主要目标任务，充分体现了城乡人居环境建设在党和国家事业发展全局中的重要地位，彰显了中国共产党以人民为中心的发展思想。重庆始终把持续提升生态环境质量和增进人民群众的获得感、幸福感、安全感摆在工作首位，发挥江峡相拥、山环水绕的江城山城优势，挖掘生态环境资源要素中的“美丽因子”，通过高水平建设山地特色生态之城，高品质建设巴渝和美乡村，充分展现城乡景观之美、自然风光之美、人文魅力之美。

---

① 习近平:《深入理解新发展理念》,《求是》2019 年第 10 期。

②《高举中国特色社会主义伟大旗帜 为全面建设社会主义现代化国家而团结奋斗——在中国共产党第二十次全国代表大会上的报告》,《人民日报》2022 年 10 月 26 日。

# 水岸共治　建设山地特色生态之城

## ——江北区深入推进“两江四岸”治理提升

“两江四岸”治理提升是重庆具有标志性和辨识度的城市生态环境治理工作。习近平总书记指出，“城市工作要把创造优良人居环境作为中心目标，努力把城市建设成为人与人、人与自然和谐共处的美丽家园”①。党中央作出了城市人居环境战略部署，坚持以绿色低碳、环境优美、生态宜居、安全健康、智慧高效为导向，着力提升城市规划、建设、治理水平，大力实施城市更新行动等，人居环境显著改善，居民生活品质不断提升。重庆立足江城山城特征，积极推动改善城乡人居环境，探索山地人居理想范式，不断满足人民群众对美好生活的向往。江北区围绕“山清水秀生态带、立体城市景观带、便捷共享游憩带、人文荟萃风貌带”的目标，坚持“生态优先、绿色发展”的理念，按照“点上点靓、线上贯通、面上提升”的总体思路，促进资源合理高效利用，推动长江流域经济社会发展全面绿色转型，“大美江北岸、最美迎宾湾”建设取得显著成效。

① 《中央城市工作会议在北京举行　习近平李克强作重要讲话》，《人民日报》2015年12月23日。

## 一、背景情况

江北位于嘉陵江、长江交汇处北岸，自西向东三面环江，江岸线长达104公里，布局有梁沱、鱼嘴两大自来水厂，负责保障200万人的饮用水，保护好两江水环境是江北区最重大的生态环保任务。2018年12月，重庆按照建设山清水秀美丽之地的定位，制定了《重庆市主城区“两江四岸”治理提升实施方案》，规划实施两江四岸治理提升工程。2020年4月，重庆市规划委员会和重庆市城市提升领导小组审议通过了《两江四岸核心区整体提升实施方案》，明确两江四岸核心区由包含长江、嘉陵江交汇区域的朝天门—解放碑片区、江北嘴片区、弹子石—龙门浩片区围合而成，总面积约16.2平方公里，其中陆域面积约10平方公里。重点推进两江交汇区域岸线治理提升，提升滨江地带城市品质，带动两江四岸核心区整体提升。

江北区深入贯彻落实市委、市政府关于“两江四岸”治理提升的决策部署，围绕美丽重庆建设，立足区位优势，以改善水环境质量为核心，以治水为切入口，谋划实施治岸、治城“大文章”，加快打造美丽重庆建设样板区。2024年，江北区“三园两湾”岸线项目已全面建成投用，18公里滨江步道实现全线贯通。开放后的滨水空间得到市民高度认可，江滩公园、彩虹步道、听风江滩等网红打卡点备受追捧；渔人湾桥下空间获评“重庆最美桥下空间”、盘溪河入江口滨河公园绿道获评“重庆最美山城绿道”、N37桥角角夜光营地获评重庆“创新消费场景”。

图 3-1 铁山坪森林公园峡江观景平台

## 二、主要做法

### （一）集中专项攻坚，截断入江污染

治好水里。累计拆除餐饮船舶 98 艘、渔船 210 艘，关停取缔码头 10 座，清理废弃渡口 11 个，腾退回收优质岸线超 7 公里，完成餐饮船取缔清零，实现主城区嘉陵江货运码头全面关停，关停沿江货运码头砂石业务功能，实现港口码头船舶污染物固定接收设施全覆盖，完成渔民退捕转产工作。

建好地下。累计新建雨污排水管网 150 公里，完成 200 余处雨污错接点整治，更新改造排水管网约 50 公里，整治管网病害约 4 000 处，彻底消除了郭家沱区域、杨家河沟流域管网空白。全覆盖开展入河排污口“查、测、溯、治、管”，打通“受纳水体—排污口—排污通道—排污源头”全过程监督管理链条，两江干流 154 个入河排污口全部完成整治销号。

管好设施。实施梁沱、鱼嘴水厂饮用水水源地规范化建设。积极推进唐家沱污水处理厂扩建项目工作。完成全区 8 座农村污水处理设施提标改造，剿灭 15 处超 1.4 平方米的农村黑臭水体，实现动态清零。区内长江寸滩国控断面稳定保持Ⅱ类水质，栋梁河跃进桥市控断面实现水质类别提升，饮用水水源地水质达标率稳定保持 100%。

### （二）重监管推改革，修复水域生态

加强长效监管。江北区在全市率先启动长江渔业生态调查，结合河道监控系统建设，将区域内河道、水库监控全覆盖，并将水资源监管、水域岸线监管、水污染预警、水环境监管、水生态监管、执法监管六大功能一并纳入升级改造，逐步实现全域河流智能化监控目标。深入落实河长制，设置水上河长办公室及 8 个社区河长制工作站，现场办公、快速反应，打通治水护水“最后一米”，以“河长办、河上办”促“河长制、河长治”，嘉陵江江北区段沿线社区河长制工作站实现全覆盖。

加强智慧监管。依托智慧河长系统，江北区率先整合了水利、渔政监控系统，让河道管理的基础数据实现初步融合。在此基础上，利用数字赋能超大城市治理契机，进一步整合了“公安、城管、街道”等数字化感知系统，成功对全区 2 江、8 河的 120 多公里河道岸线及 6 个水库实现 24 小时监控全覆盖。贯通“巴渝治水”应用系统，建设水环境智慧监管平台，接入视频监控和自动监测设备，实现重点河流断面、重点污染源排口、污水处理厂进出口在线监测全覆盖。运用大数据，实时监管全区河道动态，全面提高河道管理效率，基本实现河道“四乱”、非法捕捞、防溺水、环境卫生、公共安全、摆摊设点等事项自动预警、自动派单、处置销号、闭环管理等。

加强多跨监管。根据《中华人民共和国长江保护法》《“中国渔政亮剑2020”系列专项执法行动方案》的要求，江北区全面落实内陆大江大河（湖）休禁渔制度及各项资源养护措施，与渝中、渝北、南岸、巴南、沙坪坝区等5个区建立《交界水域打击非法捕捞联合执法长效工作机制》，形成了跨区间合作联动机制，堵住了非法捕捞犯罪漏洞。2020年，成功实施全市首例检方支持的渔业生态环境损害赔偿。通过生态环境损害赔偿磋商方式，由涉案人员出资购买鱼苗20万尾，在天然水域进行增殖放流，修复水生生态环境。

### （三）提升江岸品质，打造亲水空间

以两江四岸起笔。江北区以《“两江四岸”治理提升统筹规划》为指引，从提升水岸品质、优化城市形态、完善通行系统、传承历史文脉等四个方面，加快推进“两江四岸”核心区江北嘴片区建设，以“千年江北嘴、美丽滨水岸”为愿景，打造集健身、游憩、观景于一体的滨水生态公园——江北嘴江滩公园、相国寺滨江公园、盘溪河滨江公园，如今，“三园两湾”项目全面建成，成为市民漫步休闲的好去处。“大美江北岸、最美迎宾湾”的“实景图”正在徐徐展开。

以城市更新细雕。江北区按照治脏、治乱、治违和功能提升、品质提升及产业导入的“三治两升一导入”工作思路，聚焦城市存量空间提质增效，大力实施“城市体检”和城市更新行动，努力打造环境优美、功能完善、安全舒适、管理有序、文化气息浓厚的城市空间，累计改造老旧小区86个、292万平方米，完成棚户区改造55万平方米，高质量完成鲤鱼池42号等3个城市更新试点示范项目。

图 3-2　江北嘴江滩公园

## 三、经验与启示

### （一）坚持以人为本，注重居民需求

始终坚持以人为本的核心理念。在规划阶段，通过召开群众需求征集畅谈会等方式，广泛听取居民的意见和建议，量身定制治理方案，确保沿岸居民的生活不受影响。餐饮船舶及渔船取缔后，从业人员得到妥善安置，上岸经营后，餐饮场所用餐环境极大改善，经营收入增加，就业机会增多，餐饮行业得到有序发展。

### （二）坚持制度创新，加强科技支撑

坚持健全“治水”责任体系，坚持制度化、数字化、常态化推进污水治理攻坚工作。通过贯通“巴渝治水”系统以及河长制、智慧监管系统、跨区域协作机制等制度创新，整合水利、渔政、公安等多部门数据，实现污染预警、案件派单、处置反馈的全流程闭环管理；通过使用 CCTV 管道

检测机器人[①]、QV 管道潜望镜[②]等技术手段，查溯雨污管网错接和渗漏点位，实现污水全部接入排污管道，极大提高了治理效率。

### （三）坚持精细管护，提升服务能力

在推进“两江四岸”治理提升过程中，强调明确管护责任，落实管护经费，切实有效提升两岸滨江公园管理效率及公共服务能力。针对湿地公园、热门景点、桥下空间和港口码头等保洁重点区域，联合市城市管理局督促“两江四岸”核心区落实“全区域覆盖、全时段作业、全流程监管”精细化保洁机制。

图 3-3　江北嘴中央公园绿意盎然

① CCTV 管道检测机器人是一种用于管道检测的自动化设备，主要应用于石油、天然气、水利等行业中，用来检查管道内部的状况。这种机器人通过搭载高清摄像头、传感器等设备，能够进入狭窄的管道内进行巡检，拍摄管道内壁图像，检测裂缝、腐蚀、沉积物等问题。

② QV 管道潜望镜是一种用于管道内部检查的设备，主要用于视觉检查和拍摄管道内的状况。它通常由一个具有高分辨率摄像头、光源、传感器和操作控制系统组成。

# 绿色引领“山水之城”焕发新生机

## ——渝中区积极探索城市绿色更新路径

城市是经济社会发展和生产生活的重要载体。实施城市更新行动是助力高品质生活、统筹发展与安全和实现高水平治理的重要手段。习近平总书记强调，“要坚持走内涵式发展路子，创新城市治理，加强韧性安全城市建设，积极实施城市更新行动，增强发展潜力、优化发展空间，推动城市业态、功能、品质不断提升”[①]。党中央高度重视城市更新行动，作出了系列决策部署。重庆深入践行“人民城市为人民”理念，通过系统性的规划，精细化的改造，创新性的活化，多元化的共治，不仅在改善人居环境、提升城市功能，促进产业发展，保护历史文脉，取得显著成效，更探索出了一条符合山地城市特色的城市更新之路。

### 一、背景情况

渝中区是重庆市唯一城市化率 100% 的行政区，是建成区、老城区、人口密集区，建设于 2000 年以前的居住建筑、商业建筑分别占比达 43%、40%，城市发展已经从增量时代迈入存量时代，推动城市更新是必由之路。

① 《习近平春节前夕赴天津看望慰问基层干部群众　向全国各族人民致以美好的新春祝福　祝各族人民幸福安康　祝伟大祖国繁荣昌盛》，《人民日报》2024 年 2 月 3 日。

近年来，渝中区以首批国家城市更新试点为契机，坚持“留改拆增升”并举、“投融建管运”一体，以绿色发展目标为引领，从绿色“大写意”到精细“工笔画”，积极探索城市绿色低碳可持续更新路径，深入推进绿色城市、森林城市、“无废城市”建设，不断积累“渝中实践”，创新“渝中经验”，全区单位 GDP 碳排放量保持全国“最优”序列，荣获 2024 年度“中国美丽城市典范”。戴家巷城市更新项目获评 2023 年中国人居环境奖；渝中城镇老旧小区改造、棚户区改造和发展保障性租赁住房工作获国务院督查激励表彰；渝中城市更新相关工作三次入选住房和城乡建设部《实施城市更新行动可复制经验做法清单》。

图 3-4　渝中半岛鸟瞰图

## 二、主要做法

### （一）构建产业绿色发展体系，促进产业“焕新提质”

产业绿色转型。完善现代产业绿色发展政策体系，实施楼宇经济“标杆引领”、现代生产性服务业高质量发展等行动计划，聚焦金融服务、专业服务、科创服务、现代物流、未来新兴产业五大领域，加快构建现代生产性服务业发展新高地，荣获“2024 中国楼宇经济发展指数标杆城区 30 强第 12 强”。

创建特色园区。以重庆数字经济产业园为重点，聚焦科创服务，打造一批软信产业、总部经济等特色产业楼宇，获“国家区块链创新应用综合性试点优秀地区”榜首、中国区块链核心聚集区、亚洲开发区（园区）竞争力百强、营商环境百强等称号。

绿色金融赋能。深化西部金融中心主承载区建设，低碳化运营重庆绿色金融大道，加力打造“三区三中心”，推进首批市级气候投融资试点，绿色贷款、绿色债券余额全市前列。

### （二）构建生态为基绿色空间体系，促进城市“山清水秀”

优化生态空间。制定发布国土空间分区规划，构建“一廊（枇杷山—鹅岭—红岩村生态廊道）、两江（长江、嘉陵江生态岸线）、多节点（公园绿地、广场等生态节点）、多脉络（滨江绿道、环山绿道等生态脉络）”的全域生态空间格局，持续优化天际线、山脊线、水岸线。

保护生态岸线。依托“两江四岸”整治提升，深入开展 20 公里水岸线生态修复和景观提升，生态修复消落带 74 万平方米，珊瑚坝生态湿地、黄沙溪滨江休闲带等成为居民休闲“好去处”。

提升生态品质。充分利用边坡、堡坎、崖壁等空间，“见缝插绿”打造全方位立体化山水都市，盘活城市“金角银边”，治理坡坎崖 40 余万平方米、增添城市花境 40 余处，因地制宜打造“佛图关开往春天的列车”“重庆红墙”“戴家巷崖壁步道”等特色品牌。

### （三）构建老旧楼宇绿色改造体系，促进城市“低碳运营”

在全国率先制定实施既有商务商业楼宇绿色化改造导则和医院绿色低碳建设与运营技术指南团体标准，填补行业空白。打造既有商业商务楼宇绿色化改造示范项目。重庆渝都酒店（现 Moxy 酒店）是全区运用《渝中区既有商业商务楼宇绿色化改造导则（试行）》并顺利通过效果评价的绿色化改造示范项目，获得“绿色更新 B 级”[①]评价，盘活约 3 万方商业载体空间，实现升级焕新。重庆图书金融综合大楼以“绿色更新类 A 级水平”为目标，从建筑环境提升、建筑机电系统能效提升、智能化水平提升等方面实施整体绿色化改造。大都会东方广场启动升级改造“蝴蝶计划”，成功获得美国绿色建筑评估标准体系最高级别铂金级权威认证。

### （四）构建老旧街巷绿色更新体系，促进城市“逆龄生长”

实施城市“微更新”，采用轻介入、微更新、装配式策略，尽可能保持原有的建筑文化信息和城市格局肌理。山城巷以“保护、修缮、利用”为原则，融合山城人文特点和建筑风貌，最大可能地保留下老重庆的历史记忆和文化景观，重新点亮了“天上的街市”。十八梯传统风貌区改造兼顾文脉延续与城市发展，保留了“七街六巷”大致脉络走向、街巷命名，保留了 100 多米长的十八梯老石梯主道，保留了片区内几十株老黄葛树和约百米长的崖壁、部分堡坎，留住老重庆人的“儿时记忆”。鹅岭贰厂秉承着“尊重历史、生长建筑”的理念，创造性地进行了“展现结构艺术、

① “绿色更新 B 级”是重庆市渝中区针对既有商业商务楼宇绿色化改造所设定的一个评价等级。

新旧历史对话”的遗址改造，成功地从“工业锈带”转变为“工业秀带”。

图 3-5　渝中区夜景

## （五）构建城市绿色基础设施体系，促进城市“安全韧性”

优化绿色交通。着力打造“轨道上的都市区”，深入推进“轨道—公交—慢行”三网融合，轨道运营线网密度高居全市第一，公共交通出行分担率全市前茅。建设 114 公里“一带六横十六纵”特色慢行系统，打造小巷公交线路 8 条、投运 25 辆，年客运量超 200 万人次。助推辖区船舶企业成功申请绿色低碳交通强国建设试点项目，为全市唯一。

强化排水防涝。大力实施管网更新改造专项行动，2020 年以来，新建改造管网 120 多公里，基本打通规划分流制区域大石化片区排水主通道。融合运用海绵城市理念，海绵城市达标面积占城市建成区面积比例达 40% 以上。

推广全域无废。获批全球环境基金（GEF）医疗机构“无汞替代”试点，系中西部地区唯一入选试点地区。在西南地区率先探索“数字无废”赋能全域医疗废物规范化、信息化、精细化管理。建成全市首个“无废医院”、首个“无废菜市场”、首个“无废城市”宣传教育基地等，丰富拓展“无废城市”建设场景。

## 三、经验与启示

### （一）建立务实创新的政策体系

城市更新行动是一项直抵人心的民生工程，是提升人民生活品质的重要举措。渝中区积极探索、大胆创新，陆续出台了《重庆市渝中区城市更新实施细则（试行）》《重庆市渝中区城市更新试点实施方案》《渝中区城市更新项目设计审查规程》《渝中区城市更新项目规划用地及建设管理规程》《渝中区城市更新项目园林绿化审批流程》《渝中区城市更新既有建筑改造工程消防设计审查验收适用技术标准的工作指引》等政策，打破了原有体制机制、政策程序等束缚，进一步简化了审批流程、缩短了办件时间。

### （二）打造主客共享绿色新空间

围绕建设宜居、韧性、智慧城市，把群众的“喜怒哀乐”放在第一位，把团结带领群众创造美好生活作为根本之策，让文旅发展带动的公共服务、营商环境、人文关怀等红利持久广泛地惠及人民群众。在改善公共服务设施方面，以缓堵保畅为工作抓手，加快完善“轨道 + 公交 + 慢行”绿色出行体系，加强学校、医院、商圈及轨道站点等重要节点交通组织优化研究，探索建立地下、地面、空中多层次交通运行体系，切实提升城市基础设施运行效率。在高品质提升公共空间方面，打造滨江公园、长滨沿线珊瑚公园、滨水绿道、大草坪等生态景观。珊瑚公园片区通过修建滨江亲水步道和绿色生态廊道、珊瑚坝“江心岛”生态修复等措施，重新焕发生机，成为“近悦远来，主客共享”的高品质滨水休闲空间。

### （三）建立健全生态产品价值实现机制

一是财政资金带动投资。统筹使用中央和市级老旧小区改造、住房租赁、养老、托幼、卫生健康等专项资金，通过跨部门、跨年度、跨层级等方式，制定项目资金统筹使用方案，提高资金使用效益。二是市场主体灵活投资。除传统的社会资本直接投资外，大力推动“政府出资源、企业搞经营”的政企合作模式，即政府向企业提供更新地块、重点工程、产业载体、特许经营权等优质资源，企业发挥市场性、专业性优势具体参与城市更新项目。三是居民群众自发投资。按照“谁受益、谁出资”原则，引导房屋产权人以直接出资、使用住宅专项维修资金、让渡小区公共收益等方式，分担老旧小区改造等城市更新建设资金成本。通过鼓励市场主体和城市居民通过各种方式参与城市更新全过程，让政府有形之手、市场无形之手、居民勤劳之手充分发挥作用，不断激活城市更新“造血功能”。

# 改善农村生态环境　守好乡愁水脉

## ——重庆推动农村黑臭水体实现全域全面动态清零

农村黑臭水体是农村人居环境的突出短板，直接影响美丽重庆的“颜值”和广大农民群众的“观感”。习近平总书记指出，“要优化镇村布局规划，统筹乡村基础设施和公共服务体系建设，深入实施农村人居环境整治提升行动，加快建设宜居宜业和美乡村”①。国家先后印发《深入打好城市黑臭水体治理攻坚战实施方案》《“十四五”城市黑臭水体整治环境保护行动方案》《关于进一步做好黑臭水体整治环境保护工作的通知》等，组织地方对黑臭水体的全面摸排，制定整治方案，推进系统治理。重庆在全国率先实施农村黑臭水体清零区县创建行动，迭代升级目标体系、工作体系、评价体系和保障体系，推动农村黑臭水体治理取得积极进展。

## 一、背景情况

加快实施农村黑臭水体治理，是新时期贯彻落实习近平总书记对重庆全面筑牢长江上游重要生态屏障，加快建设美丽中国先行区殷殷嘱托的实

① 《习近平在参加江苏代表团审议时强调　牢牢把握高质量发展这个首要任务》，《人民日报》2023 年 3 月 6 日。

际行动。重庆对标党中央、国务院决策部署，紧扣群众对美丽重庆、巴渝和美乡村的殷切期盼，学习借鉴“千万工程”成功经验，把全域全面消除农村黑臭水体作为高水平打造美丽中国建设先行区的“必答题”，高质效满足人民群众对美好生活向往的“优先项”，先后制发《重庆市第6号总河长令》《重庆市农村黑臭水体清零区县创建工作方案》《深化农村生活污水治理行动方案》，扎实推动农村黑臭水体治理清零，努力改善农村生态环境，着力守好乡愁水脉，一批“黑水沟”“臭水坑”变成“清水溪”“生态塘”，群众满意度、获得感明显增强。

## 二、主要做法

### （一）持续高位推动，建立高效协同推进机制

加强组织领导。成立以市领导牵头担任组长、相关部门负责人为成员的工作专班，统筹推进全市农村黑臭水体清零区县创建工作。各区县积极行动相应成立专班，负责具体推动。

加强过程管理。市、区县2级分别绘制作战图，定目标、定节点、定责任，实施条块结合、扁平化管理，高规格召开现场推进会2次、工作调度会6次，建立农村黑臭水体治理常态化调度和联络员制度，形成“半月通报、每月调度、季度复盘、半年总结”的工作模式。

加强监督考核。将农村黑臭水体治理纳入2024年市政府重点民生实事和市政协专项民主监督，市人大开展专题调研指导，把农村黑臭水体治理情况纳入生态环保督察问题清单和党建统领生态报表等考核体系，对治理进展慢、效果差的区县进行约谈、通报和扣分。

### （二）强化政策支持，凝聚黑臭水体治理合力

制定工作方案。12个市级部门联合印发《重庆市农村黑臭水体清零区县创建工作方案》，构建“57916”工作架构（5条创建标准、7个创建步骤、9大攻坚行动、16项评估指标），明确了方向、任务和路径，为全市有力有效推进清零区县创建工作奠定了坚实基础。该方案被生态环境部转发全国学习借鉴。

强化部门协同。将农村黑臭水体治理同流域治理、美丽河湖建设、农村环境整治、乡镇污水管网延伸、巴渝和美乡村建设等工作贯通融合，整合部门项目、资金，合力推进“九大行动”。跨部门成立农村黑臭水体专家库，建立农村黑臭水体问题横向移交机制，已向市住房城乡建委、农业农村委等部门移交问题3批次、230余个。

加强资金保障。市财政整合生态环境、农业农村、水利等部门资金近4亿元，对实现清零创建目标的区县予以1 000万元定额奖补，目前已累计下达资金近2亿元，撬动区县投入治理资金约3亿元。

争取国家试点。2022年，重庆市汇总14个区县54个农村黑臭水体，成功申报第一批国家农村黑臭水体试点城市，争取中央资金1亿元，试点任务已按期完成，累计消除黑臭面积30万余平方米，10万余群众受益。2024年，巫溪县17个农村黑臭水体，成功申报第三批国家农村黑臭水体治理试点城市，争取中央财政支持。

### （三）坚持标本兼治，探索精准科学治理路径

坚持动态排查。创新建立“乡镇排查—区县核查—市级抽查”农村黑臭水体三级排查体系，对全市城市建成区以外的农村水体开展全覆盖、地

毯式排查摸底并建立台账清单，确保底数清、数据准、情况明。开展农村黑臭水体问题线索有奖征集活动，鼓励群众通过电话、微信、来信等举报方式，广泛参与农村黑臭水体排查治理工作，加密水体排查“眼睛”。

坚持系统治理。牢牢把握“问题在水里，根源在岸上”的重要特征，统筹“岸上—岸边—水里”，遵循“源头截污控源、过程生态治理、末端综合利用”要求，根据黑臭成因和水体类型，针对性采取控源截污、内源治理、水体连通、生态修复等治理措施，“一水一策”精准施治，不搞整齐划一、不搞盲目攀比。鼓励有条件的区县，在实现消黑除臭基础上，结合巴渝和美乡村建设、农村人居环境整治，进一步提升水体生态价值。

坚持长制长效。全面落实重庆市第 6 号总河长令要求，将河长制体系向流域小微水体延伸。制发《农村黑臭水体等水污染防治调研推动工作方案》，组建 7 个现场核查组，分片区、全覆盖、常态化开展农村黑臭水体治理等水污染防治工作调研督导，确保水体“治理一个，见效一个”。设置农村黑臭水体公示牌，为每个水体配发“二维码”身份证，向社会公布责任河长、管护主体、监管单位，主动接受公众监督。

### （四）注重示范创新，凝练形成一批典型案例

鼓励区县自主创新。梁平区创新网格式、点穴式、顺藤摸瓜式、晴雨对照式、停水检查式“五式”农村黑臭水体排查法，因地制宜采用“乡村小微湿地净化塘 + 节水灌溉”模式实现了分散式生活污水净化及资源化利用“双赢”；北碚区在油坊河治理过程中创新性地将清淤产生的淤泥用于生态湿地建设，“臭水库”嬗变成“美丽湖”；江津区创新探索社区自治模式推进黑臭水体治理，整体工期大大缩短、节约资金 15% 以上。璧山区

创新采取“截污＋清淤＋复耕”“清淤疏浚＋换填土石＋生态修复”等方式，多措并举实现农村黑臭水体变良田、公园。

强化数字赋能。将农村黑臭水体纳入“巴渝治水”数字场景运用，搭建多元感知、分级监管、精细治理、制度保障、复盘评估的全链条管理智慧大屏，初步完成“1 个全市总览 +2 个信息展示 +3 个应用版块”的农村黑臭水体“底座”专题场景。开发完善重庆市农村黑臭水体智慧监管系统和现场核查 APP 软件，实现农村黑臭水体基本信息、治理进度、水体验收、现场核查等全过程在线填报、数据归集。

加强宣传引导。在《重庆日报》《重庆新闻联播》等主流媒体设立专栏，定期宣传报道正面典型。在《今日关注》等媒体设立农村黑臭水体曝光专栏，为每个水体配发“身份证”（“一水一码”），进一步强化社会监督。

## 三、经验与启示

### （一）坚持系统思维，建立一套行之有效的工作机制

将农村黑臭水体作为改善农村人居环境“牵一发动全身”的重点工作，同美丽河湖建设、农村环境整治、乡镇污水管网延伸、巴渝和美乡村建设等工作贯通融合，引导社会公益组织、新闻记者、专家团队、农民群众等各方面广泛参与，构建“上下联动、横向协同、合力攻坚”的工作格局。

### （二）坚持精准施策，探索具有山区丘陵特色的治理模式

创新建立“各级河长带头查、各级部门针对查、村民群众举报查”的

动态排查机制，在摸清底数的前提下，根据水体黑臭成因和水体类型建立“一水一策”问题清单，靶向施策。各区县深入调研、主动探索，北碚区“三期九策”、梁平区“五式排查法”、江津区“社区自治”、九龙坡区“三位一体数字治理”等一批典型案例相继涌现。

### （三）坚持数智支撑，构建农村黑臭水体智慧监管体系

深化“巴渝治水”数字场景运用，构建扫码举报、媒体曝光、遥感监测等多源感知渠道，创新推行红、黄、绿“三色动态管理”，推行“农村黑臭水体一件事”应用，实现黑臭水体问题点位“一张图”、治理工作“一本账”。

# 昔日“生态包袱”撬动致富“大产业”

## ——奉节县大坝村探寻农村生活污水治理新路径

农村生活污水治理是农村人居环境整治的关键环节，也是实施乡村振兴战略、美丽中国和美丽重庆建设的重要举措。习近平总书记强调，“要持续开展农村人居环境整治提升行动，实现全国行政村环境整治全覆盖，基本解决农村的垃圾、污水、厕所问题，打造美丽乡村，为老百姓留住鸟语花香田园风光”[①]。近年来，党中央、国务院推动因地制宜选择治理模式和技术工艺，梯次推进农村生活污水应管尽管、应治尽治，不断巩固和提升治理成效，全国农村生活污水治理（管控）率达到45%以上，农村污水横流状况大幅减少，农业农村污染治理成效明显。重庆扎实开展农村黑臭水体清零攻坚行动，实现农村黑臭水体全域全面动态清零，在国家首批农村黑臭水体治理试点绩效评价中获评“优秀”。

### 一、背景情况

重庆市奉节县永乐镇大坝村，位于长江南岸，全村面积21平方公里，现有人口1 356户4 345人，森林覆盖率高达70%。长期以来，农村生活污水治理一直是大坝村人居环境整治的难题，犹如沉重的“生态包袱”。

① 习近平：《推动我国生态文明建设迈上新台阶》，《求是》2019年第3期。

为提升农村生活污水治理水平，补齐农村人居环境短板，加快建设美丽乡村步伐，奉节县立足本地实际，积极探索适宜的污水治理模式与技术，以就近消纳、综合利用为核心思路，充分结合农户种植习惯，将液态肥水和固态粪渣还田利用，减少化肥使用，实现了从“污水随处排”到“清水绕人家”的转变，让污水变“肥水”，有效提升了农产品品质，成功地将昔日“生态包袱”转化为致富“大产业”。

图 3-6　重庆奉节县永乐镇大坝村

## 二、主要做法

### （一）把控源头聚焦重点开展治理

结合农村改厕，打通污水治理“中阻梗”。把污水治理与农村改厕有机融合，同步推进，积极推广使用节水型冲水设施，从源头减少污水产生量。大力宣传并推广先进的三格式化粪池，使污水得到初步处理与沉淀，有效改善村庄卫生状况，提升了污水治理效能。

聚焦农村种植产业，探索农村生活污水治理“新模式”。坚持粪污处理与农业生产相结合，以就近消纳、综合利用为核心，充分利用农户种植习惯，把液态肥水和固态粪渣还田利用，在减少化肥使用的同时，显著提高了农产品品质。

图 3-7　村民喜获脐橙丰收

## （二）深入推进农业生物技术利用

引导村民实施化肥农药“双减”政策。村集体经济组织指导村民优先考虑生物防治、物理防治、农业防治等绿色防控手段，完善农作物秸秆、畜禽粪污、废旧农膜等回收利用制度，有效减少农业面源污染。全面提升脐橙规模化、标准化种植水平，降低化肥、农药使用量，实现生态环境与产业发展的有机结合。

完善“六个一”模式，推动生物防控技术深入人心。推广“一只队伍、一盏灯、一个球、一块板、一片草、一个小院”的“六个一”模式，强化生态保护。镇政府组建农技服务队，常态化开展技术指导下访活动，安装诱虫灯，发放捕蝇球、诱虫板，种植三叶草、野豌豆等固土培肥，年均减少化肥使用超 300 吨，减少农药使用 4 000 升。

建立“高校学者 + 农技专家 + 示范农户”的长效服务机制。组建 3 支服务队，培养本地“土专家”“田秀才”超 50 名，与中国农业大学、西南大学合作成立科技小苑，制定脐橙周年管理方案，使优质果率提升至 80% 以上，糖分提升到 12 以上，进一步提升了科学种植水平，实现了提质增效。

图 3-8　大坝村橙旅融合示范园

### （三）以环境治理助推资源利用

美化村庄“微景观”。全面清理村内河道沟渠，并在河道或坑塘种植绿植；在铺设污水管道，整修道路的同时，积极动员村民清理道路两旁垃圾和房前屋后的“五堆十乱”现象。

扮靓户户“小家庭”。以“美丽家园”项目建设为契机，实施改厨、改院坝、改立面、改圈舍“四改”工程；开展生态修复、花化绿化；建立户集、村收、镇转运的垃圾处置模式，推进厕所粪污资源化利用。全村常住家庭 90% 以上建成三星级“美丽庭院”，10% 以上建成五星级“美丽庭院”。

统筹生活污水治理和“厕所革命”。采用“单户三格式化粪池 + 资源化利用”模式，液态肥水利用污水管道输送至脐橙种植园进行资源化利用；固态粪渣经过堆肥、发酵后作为有机肥，用于养护脐橙果树和改善土壤质量。

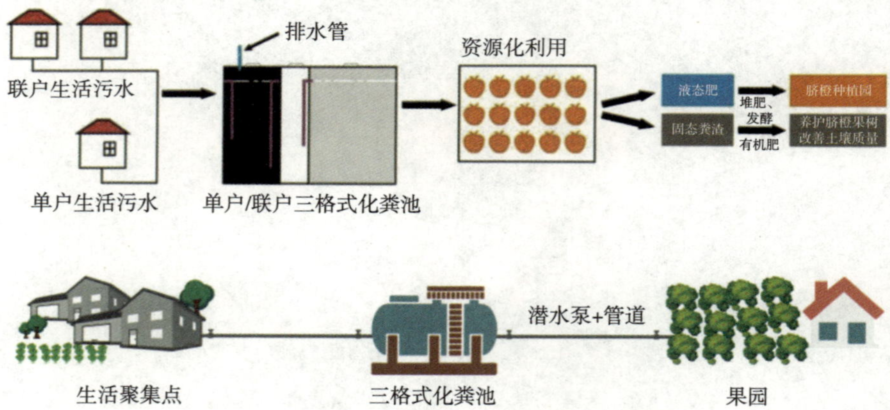


图 3-9　永乐镇资源化利用工艺流程图

## （四）充分调动汇集多元治理力量

强化政府主导作用。充分发挥政府财政投入资金作用，协商村集体经济与农户适度自费，购置“潜水泵”+“增压泵”及配套管网设备，全力推进农村生活污水基础设施建设，让群众切实感受到环境变化、看到治理成效、获得实际利益。

完善村集体参与机制。建立财政预算、涉农资金、集体经济、群众自筹运维费用众筹机制，村集体经济组织和居民自主负责污水管网、抽污泵的日常维护，并通过泵抽灌完成生活污水还田资源化利用，充分调动干部群众和社会各界参与村务管理的积极性。

落实责任监督。县生态环境局、永乐镇人民政府和永乐镇大坝村民委员会不定期监督抽查，压实各方责任，形成系统化、规范化、长效化的管护机制。鼓励农户参与监督农村污水治理设施的运行和维护，确保整治工作实现预期目标，生活污水资源化利用取得显著成效。

## 三、经验与启示

### （一）坚持系统谋划，科学布局

农村生活污水治理必须坚持统筹兼顾，实现全链条衔接，要提高站位，跳出部门局限，将其融入村庄治理全过程。在污水治理中注重顶层设计，把治理工作纳入乡村振兴和生态文明建设的全局框架。针对常住人口少、居住分散的村庄，推行污水资源化利用模式，将液态肥水与固态粪渣还田，既减少化肥使用，又提升脐橙品质；对靠近城镇的村庄，将其纳入城镇污水管网集中处理；在人口集中的区域，则建设集中式处理设施。通过科学谋划、分类施策，持续提升污水治理成效。

### （二）发动群众力量，全民参与

充分发挥村民的主体作用，引导村集体经济组织和居民自主负责承担污水管网、抽污泵的日常管护工作。组建本地“土专家”队伍，增强村民科学种植与环保意识。通过宣传教育和示范带动，促使村民从“旁观者”转变为“参与者”，积极主动参与到污水治理工作中。

### （三）完善制度保障，长效管护

建立“五有”长效管护机制（有制度、有标准、有队伍、有经费、有督查），明确政府、村集体、村民三方责任，制定污水资源化利用技术规范。通过财政专项、集体经济和村民自筹，保障运维费用。培养本地技术骨干，并成立科技小院对接院士团队，提供技术支撑。借助县、镇、村三级定期抽查以及农户参与设施维护监督，确保污水治理成果可持续。

# “四共四同”让乡村美丽宜居

## ——城口县探索农村人居环境治建融合一体推进路径

人居环境是乡村振兴的“面子”，更是农民幸福生活的“底子”。习近平总书记指出，“要通过实施乡村建设行动，深入开展农村人居环境整治，因地制宜、实事求是，一件接着一件办，一年接着一年干，把社会主义新农村建设得更加美丽宜居”[①]。各地围绕党中央、国务院的决策部署，深学细悟“千万工程”蕴含的发展理念、工作方法和推进机制，扎实推进和美乡村建设，大力推进环境整治与基础设施提升、乡风文明建设、产业发展、乡村治理及村民生活质量提升，乡村面貌不断改善，宜居宜业水平不断提升。重庆加快推进巴渝和美乡村建设，通过产业振兴、生态宜居、乡风文明、治理有效和生活富裕五大维度，打造具有“巴渝风、山城韵、乡愁味”的现代化乡村典范。

## 一、背景情况

重庆市城口县，位于重庆市最北端，渝川陕三省（市）交界处，处于秦岭以南、长江以北的南北地理分界线，是全国35个生物多样性优先保

① 《习近平在河北承德考察时强调　贯彻新发展理念弘扬塞罕坝精神　努力完成全年经济社会发展主要目标任务》，《人民日报》2021年8月26日。

护区域之一，是中国生物多样性保护 17 个关键地区之一，是国家重点生态功能区，是长江上游重要生态屏障和国家南水北调重要水源储备库。作为国家重点生态功能区与长江上游重要生态屏障，曾因锰矿开发导致农村人居环境恶化、生态破坏及村民收入减少等问题。为扭转这一局面，城口县出台《城口县农村人居环境整治提升五年行动方案》，通过分类推进三类村庄整治（示范村、提升村、基础村），实施厕所革命、生活污水治理、生活垃圾收运体系优化及村容村貌提升等工程，打造了任河流域（修齐—高观）和美山乡示范片、咸宜镇高速公路通道沿线人居环境示范片，建成中国美丽休闲乡村 3 个，市级巴渝和美乡村 73 个、美丽庭院 800 余个、和美院落 100 个。

图 3-10　城口县修齐镇“五彩山庄”和美乡村

## 二、主要做法

### （一）“共商共议”，促进组织“同”人民共振，推动乡村治理“和谐有序”

一线走访“收点子”。依托院落制，建立“五彩话事”“稻田说事”等“群众说事·干部答题”平台，引导群众小事“点”上说，疑难事“站”上说，期盼事“会”上说，各乡镇、街道定期搜集群众急难愁盼问题，畅通自下而上问题反映渠道。

多方动员“想法子”。建立和美乡村部门联席会议机制，县农业农村委牵头，联合县政协、住房城乡建委等10余个部门，每季度开展现场调研、问题协商联席会，一线走访农户300余户，建立“主动发现—协商议定—问题交办—群众评议”机制，形成问题解决闭环。

深度研究“开方子”。实行“专家论证+公开征求意见”形式，讲解村庄长远规划、谋划产业增收门路、拟定项目建设目标，收到各方专家和社会各方面具体项目规划意见建议150余条，提高乡村规划编制成果质量。

### （二）“共谋共治”，促使干部“同”群众联动，推动乡村建设“提档升级”

向体制机制要“路子”。构建“协商谋划—开工建设—投产达效—长效维护”全链条、全周期的乡村建设管理机制。共谋环境整治“硬十条”，明确农村人居环境整治重点；制定城口县农村人居环境整治长效管理办法，确保建成后项目平时有人管、坏了有人修；因地制宜形成和美乡村

“十宜十不”等“村规民约”，使共治成为群众言行的“镜子”和乡村建设的“景观”。

向整体环境要“面子”。用好驻村工作队、公益性岗位、群众自身3支力量，推进“五干净六整齐”行动，采取干部分组包院落模式，发动规划区域内的在家群众每周开展拉网式环境整治，清理卫生死角、整理乱堆码、整治臭水沟、参与户厕改造。

向人文内涵要“里子”。采取村带村、院带院、户带户、人带人方式，引导群众形成“承诺八条”，群众公共设施无偿出地、微景观改造主动出物、整治环境积极出力、改造自家院落自愿出钱，激活群众乡村建设主人翁意识，推动从小家外部生态环境的改变到大家思想意识主动求变的转变。

图 3-11　城口县高燕镇红军村村容村貌

### （三）“共建共管”，迎来新颜“同”旧貌兼顾，推动乡村面貌“美丽蝶变”

保留乡村“烟火气”。在乡村建设过程中，探索“5个3”策略，以自然房、自然院、自然村为建设目标，坚持“还原村庄、还原田园、还原家园”的原则，采用以土石、砖瓦、木竹等乡村材料和农耕器具进行规整和点缀的留载体、留构造、留传统改造方式，实现老房子新改造、老院子新环境、老田地新面貌的改变，让山间蝉鸣、田间溪流与土墙房、炕房、柴草垛等具有浓郁乡土气息的元素成为风景的一部分，建成有记忆、有传承、有梦想的和美家园、绿色田园、幸福乐园。

拆改院内“障眼棚”。以农户为主体，以院落为单位，实施试点、推广、普及三步走，与改厕、改圈、改路等群众需求相结合，激发村民的内生动力，群众自行清理拆除养鸡圈舍400余处、乱搭乱建820余处，硬“水泥”花台微改造1 800余户，农户主动出钱出力将“彩钢棚”改为“小青瓦”3 000余户。

共建沿线“微景观”。因地制宜培育路边花、入口亭、田中果、墙上画、户间道，打造百果小院、老腊肉文化产业园、中国西南国际写生基地，建设“生态画廊”“多彩文廊”“研游长廊”“富民走廊”，构成瓜果上架、蔬菜成行、花草飘香、畜禽入圈、柴火归位的乡村画卷。

### （四）“共享共赢”，助力内育“同”外引互促，推动乡村产业“提级增效”

育庭院增收入。充分利用房前屋后的空闲地、荒山林等资源，引导群众通过自主经营、代耕代管、对外出租等方式，发展农事体验、乡村研学、观摩学习等乡村旅游新业态。截至2024年，发展大巴山森林人家2 200余户，观摩体验特色工坊125个，创建国家A级旅游景区村庄40个，乡村旅游收入达17亿元。

促改革添动力。立足全县近73%森林覆盖率，探索推进林地所有权、承包权、经营权“三权”分置改革试点，创新“国储林+”发展模式，大力发展林下山地鸡、林下中药材产业，带动2万余户林农户均增收1万元。

谋新路壮集体。有效用好产业发展系列政策，大力发展新型农村集体经济，探索产业带动型、资源开发型、服务创收型、租赁经营型、项目拉动型、抱团发展型等6种增收模式，努力实现“村强”带“民富”，全县集体经济组织年经营收入10万元以上村占比达90%以上。

## 三、经验与启示

### （一）群众广泛参与是人居环境整治的力量源泉

将乡村建设与院落制、积分制等乡村治理有机融合，充分尊重群众首创精神，调动广大农民群众的积极性，大到村庄规划编制，小到房前屋后种什么花、栽什么树，都要广泛听取群众意见，逐步引导农民参与乡村建设的规划、调研、决策、实施等过程；同时参照产业发展奖补模式，逐步改变现有政府投资项目的农村人居环境整治模式，建立农村人居环境整治奖补激励机制，通过奖补激励，一方面解决了衔接资金不能用于绿化、美化、亮化等方面的限制，另一方面引导群众投工投劳，实现更多社会资金投入人居环境整治。

### （二）外引内育人才是人居环境整治的有效保障

深入推进山区强县富民，破除资源要素壁垒，深入实施规划进村、科技进村、经营进村、资金进村和能人回村、青年回村、务工人员回村的“四进三回”强村计划；深入实施“百校联百县兴千村”“三师下乡”行动，切实发挥好高校在教育、培训方面的优势，为乡村提供规划、设计指导，协商开展乡村建设人才工匠培育，通过共创共建、互学互鉴，深化乡村建设人才协作；增强乡村发展内生动力，让乡村“美”起来、“净”起来、“靓”起来。

### （三）完善长效机制是人居环境整治的有力保障

农村人居环境整治群众期望高，需要的资金投入大。城口县注重发挥财政资金引导撬动作用，制定社会资本投入名目和招商项目清单，引导金融资本、工商资本、民间资本投入乡村建设，形成多元化、可持续的投入机制。优化完善农村人居环境整治资金投入机制，加大农村垃圾分类清运设施设备投入，设立农村人居环境整治公益性岗位，逐步建立完善的农村人居环境整治管理办法，形成农村人居环境整治长效制度。

# 第四篇　加快绿色低碳转型发展

“绿水青山就是金山银山”[①]，是习近平总书记站在人与自然和谐共生的高度提出的科学论断，深刻揭示了生态环境保护与经济社会发展的辩证统一关系。党的十八大以来，以习近平同志为核心的党中央将生态文明建设纳入“五位一体”总体布局，把绿色低碳发展作为实现高质量发展的关键环节。党的二十届三中全会进一步强调，“必须完善生态文明制度体系，协同推进降碳、减污、扩绿、增长”[②]，为新时代推进绿色低碳转型发展提供了根本遵循和行动指南。新时代新征程，从三峡库区生态守护，到城市之间构建绿色脉络，再到产业转型中释放绿色动能，重庆处处涌动着盎然生机，探寻着独特的绿色密码，为全国绿色低碳转型发展贡献着磅礴的重庆力量，奏响了高质量发展的绿色乐章。

---

① 《为了中华民族永续发展——习近平总书记关心生态文明建设纪实》，《人民日报》2015 年 3 月 10 日。

② 《中共中央关于进一步全面深化改革、推进中国式现代化的决定》，《人民日报》2024 年 7 月 19 日。

# 科技创新　化“绿水青山”为“金山银山”

## ——重庆打造林下经济生态产品的创新实践

林下经济是“绿水青山就是金山银山”理念的生动实践，对推动绿色发展、促进乡村全面振兴等具有重要意义。习近平总书记指出，“要树立增绿就是增优势、护林就是护财富的理念，在保护的前提下让老百姓通过发展林下经济增加收入”[①]。为激发林下经济发展动力与活力，国家出台《全国林下经济发展指南（2021—2030年）》《林草中药材产业发展指南》等政策文件，鼓励各地先行先试，在林地经营、资源利用、林权融资等方面大胆探索，全国林下经济规模化经营和利用林地面积达到6亿多亩，年产值超1万亿元。重庆作为全国三个深化集体林权制度改革先行区之一，不断深化改革，依托600万亩林下经济版图，将生态资源转化为发展优势，激活长江上游重要生态屏障的“绿色动能”。

### 一、背景情况

2024年6月，重庆出台《重庆市建设深化集体林权制度改革先行区行

① 《习近平在黑龙江考察时强调　牢牢把握在国家发展大局中的战略定位　奋力开创黑龙江高质量发展新局面》，《人民日报》2023年9月9日。

动方案》，明确提出要适度发展林药等林下经济，打造森林药材、林木良种繁育等生产基地。为落实这一战略引导，重庆聚焦生态产品价值实现，设立专项攻关技术难题，推动创新链与产业链融合，取得生态技术突破，成功培育兼具经济与生态价值的“渝芝1号”灵芝新品种，为“绿水青山”转化为“金山银山”提供了示范。

南岸区明月山，作为重庆主城区“四山”之一，拥有得天独厚的自然、人文资源以及优越的区位优势，是中心城区典型的山地林农湿区域，具备在林药模式下培育高附加值生态产品和推动产业化发展的良好基础条件。市科技局生态环境重点专项项目——《良好生态本底与生态产品价值提升协同技术创新与应用》，以此为示范点，成功选育的“渝芝1号”已在重庆南岸区、渝北区、涪陵区、南川区、万州区等地推广，实现了生态保护与经济发展的良性循环，“绿水青山”的生态功能、经济优势、资源潜力和产业价值得到充分挖掘。“渝芝1号”作为经济效益与生态效益并重的生态产品，通过产学研联通，拓展了生态产品价值实现新路径，有效促进了新质生产力的形成与发展，切实加强了生态产品价值实现的科学根基，助力实现绿色低碳科技自立自强。

## 二、主要做法

### （一）高水平保护厚植生态基础优势

构建塘边生态阻控与塘内生态修复相结合的综合系统。通过引入模块化材料阻控技术、水层微纳米强化曝气修复技术、水面生态浮岛与水质修复技术等一系列创新技术，持续提升了科学治污、精准治污和有效治污的水平。技术的协同推动了区域水环境治理手段的迭代升级，显著提升了水质修复的效率和效果。通过持续的技术创新和优化，水质从Ⅴ类提升至Ⅲ类，水体环境得到明显改善，不仅恢复了水体的生态功能，也为“渝芝1号”生态产品提供了更清洁、安全的水环境。

构建智能化灵芝成长的生态环境监控系统。以绿色智能为导向，结合生态本底改善条件和生态产品种植的环境需求，开发了基于物联网、5G等智慧技术的智能化监控系统。结合人工智能和自动控制技术，构建适应种植环境变量需求的自控制智能化喷灌模型系统与环境参数预报预警系统，支撑实现智慧化的种植环境调节，使得区域的空气湿度得到显著改善，该系统为灵芝的生长创造了更加适宜的环境，同时提升了区域生态系统的多样性与稳定性，增强了其自我调节能力。

图4-1 “渝芝1号”灵芝新品种水生环境

## （二）科技创新提升生态产品价值

科技赋能品种选育。通过研发应用前沿林下种植技术，系统改良林下时空资源利用模式，成功培育出适应低海拔地区的优质高产灵芝新品种“渝芝1号”。该品种在形态特征、适口性和有效成分方面表现突出，其孢子粉及总三萜等核心指标均实现显著提升，形成具有市场竞争力的特色林产品品种。

构建立体生态模式。构建“乔木—草本—附生”三层复合林药系统，通过马尾松、灵芝、石斛的垂直空间优化配置，形成多维生态协同发展机制。该模式突破单一种植局限，实现林地空间分层利用、养分循环再生和生态系统自维持功能，同步提升林地生产力与生态服务价值，建立经济收益与生态保护双优发展范式。在南岸区、渝北区、涪陵区、南川区、万州区等地成功落地推广，带动农户增收。通过提升生态环境质量和生态产品的市场竞争力，促进了生态产品的价值提升，进一步推动了生态保护的持续开展，也为地方经济带来了新的增长点。

图 4-2　“渝芝 1 号”立体生态环境

### （三）多业态融合推动产业高质量发展

打造复合产业生态。以“渝芝1号”灵芝新品种研发为核心驱动，构建“生态种植+文旅康养+特色种养”多维产业体系，推动林药产业与生态经济深度融合，让“绿水青山”成为人民群众增收致富的“绿色银行”，提高农业生产效率和资源利用率。通过产业链延伸和价值链重构，实现生态资源向经济价值转化，形成绿色产业发展新格局，充分释放生态系统的经济潜能。

产学研协同发展。建立“高校科研+企业转化+农户应用”的产学研用一体化机制，通过科技创新体系构建促进技术成果转化。该模式不仅提升农业产业化水平，更通过就业带动和人居环境改善，形成生态保护与民生改善的良性互动，为建设“乡村美、生态好、农业兴、文旅旺”的现代化新重庆先行示范区，乡村振兴和城乡融合发展提供示范路径。

## 三、经验与启示

### （一）抓关键技术，夯“两山”支撑

扎实推动生态价值与经济价值的双重提升，数字技术赋能生态环境质量改善。结合多源数据融合识别技术，精准识别区域生态问题，研发针对性的水生态修复材料，实现生态环境保护与经济发展的良性循环，推动绿色发展理念在实践中落地生根。

### （二）促系统发力，拓“两山”模式

建立生态产品价值的技术标准体系，发布《重庆市典型生态系统生态产品价值测算技术规范》。其探索的三层植物共生林药模式在兼顾生态保

护的同时，关注土地的经济产出，创新了“两山”生态向“两山”经济转变的单一模式，实践了绿色产业与生态产品共存共生的优势产业模式。通过建设生态产品种植基地，开展价值提升技术研究，打造生态种植特色产品品牌，探索出一条“生态＋特色”的产业振兴协同路径。

### （三）推动应用转化，赋“两山”动能

科技成果的应用转化是推动“两山”理念落地的重要动力。借助跨行业合作的产业突破能力，以重庆市科技局立项支持、重庆市环境科学研究院牵头，重庆市药物种植研究所、重庆文理学院、重庆材料研究院有限公司、中国环境科学研究院参与研究的多方协同，探索“科技＋生态＋产业”融合发展的新模式，促进科技成果从实验室走向市场，实现生态资源向具有市场价值的生态产品转化，从而创造出技术与生态的“双赢”局面，为生态产品价值实现提供了更多的动力源泉。

# 引水济渴　开发与保护的智慧平衡

## ——重庆市渝西水资源配置工程建造的绿色实践

治水安邦，兴水利民。水资源是事关国计民生的基础性自然资源和战略性经济资源，是生态环境的控制性要素。习近平总书记指出，“推进中国式现代化，要把水资源问题考虑进去，以水定城、以水定地、以水定人、以水定产，发展节水产业”①。国家大力实施节水行动，建立健全农业节水增效、工业节水减排、城镇节水降损“三大领域”制度体系，不断加强用水总量和强度双控，加快推进农业节水增效，持续增强工业节水减排，有效开展城镇节水降损，推动节水事业高质量发展。重庆创新节水服务模式、开辟第二水源、提升农业节水增效、工业节水减排、加强河湖管理等措施，取得显著成效。

### 一、背景情况

正确处理好高质量发展和高水平保护的辩证统一关系，是中国式现代化建设中谱写好统筹推进高质量发展和高水平保护的必答题。渝西地区作为成渝地区双城经济圈的核心发展区域，长期面临水资源短缺的掣肘。人均水资源量仅 581 立方米，不足全国平均水平的 1/4，严重制约了区域经

① 《习近平在广东考察时强调　坚定不移全面深化改革扩大高水平对外开放　在推进中国式现代化建设中走在前列》，《人民日报》2023 年 4 月 14 日。

济社会可持续发展。重庆市渝西水资源配置工程（以下简称“渝西工程”）作为国务院172项重大水利工程之一、重庆市“一核两网·百库千川”水网体系的骨干工程，始终坚持“共抓大保护、不搞大开发”的要求，贯彻“生态优先、绿色发展”理念，探索生态友好型基础设施建设新路径，创新构建“智慧监管+生态补偿”双轮驱动模式，通过三维协同设计、智慧建管运维、水生生态补偿等举措，实现工程全生命周期生态管控；同时，通过引入“环保管家”“水保管家”机制，建立跨部门协作体系，为水利工程与生态保护的和谐共存提供了示范经验。

## 二、主要做法

### （一）机制创新：跨部门协同治理

建立跨部门跨区域协调协作处理机制。成立渝西工程建设领导小组，组建包括市水利局、市生态环境局等部门负责人，以及工程涉及的11个区政府代表为成员的工作协商执行组，提供多维协商接口以化解渝西工程涉生态红线不可避让论证、水源地划分、生态流量下泄设施改造等多项跨领域跨区域问题。

采取“环水保管家”专业服务。引入第三方机构，提供生态环境科学研究、水土保持、环水保信息化等全流程服务。针对施工过程中面临的不同工作区域、工作对象、工作内容、工作难题，提出针对性解决方案。此外，建立“问题清单—整改台账—验收销号”闭环工作机制，解决污水处理设施容量不足、环境敏感区施工管理不到位等难题。编制《渝西水资源配置工程施工期环境风险应急预案》，组织相关专家进行评审研究，进一步完善环境风险管理体系，提高项目面对突发环境事件的应对能力。

环境保护、水土保持宣传及技术培训。组织各参建单位定期开展环境保护、水土保持宣传及技术培训，编制《重庆市渝西水资源配置工程生态保护宣传手册》指导施工现场人员的生态环境保护、水土保持工作，并针对工程涉及森林公园、湿地公园等环境敏感区问题进行专题培训，增强环境保护意识。定期对自然保护区周边居民及群众进行宣传，普及渔业保护知识，提供技术指导，提升居民参与环保的积极性。设置环保管理专员，合作开展工程建设期间生态环境保护日常管理工作，维护作业区及周边生态安全。

图 4-3　工作人员进行珍稀特有鱼类生态保护现场宣贯

## （二）智慧监管：全生命周期数字化管控

主体工程正向设计与深度应用。基于自研的 ProjectWise 平台①，设计各

① ProjectWise 平台是一款工程全过程管理系统，借助平台来支撑项目的数字化管理与多方协同，工程设计相关人员可在平台中下载并存储各专业实时更新的同步模型，并且直接于同一模型上进行批注和修改，让各专业信息沟通变得更为便捷迅速。

专业可进行互相提资和模型参考，并通过多套方案进行必选论证，实现泵站选址、管线避让生态红线等方案的智能优化。

智慧建设管理平台全过程管控。基于动态精细化施工信息模型，构建了大型引调水工程 EPC 基建期全过程数字化管控场景，以实现智能调控调度。针对未戴安全帽、低瓦斯气体等施工风险，平台通过 AI 识别摄像头、有毒有害气体自动监测装置、隧洞洞内人员定位等数据的初筛与分析，向现场安全管理人员发送短信预警通知，多维度、多角度、全方位地建立了“及时预警—现场处置—线上消警”的安全风险闭环防控体制。各类监测数据全面覆盖泵站、管线（深基坑、高边坡、长隧洞）等 142 个作业面，有效地保障了大型引调水工程全方位全时序工程安全，实现了项目智能化精细化管理。应用钻探、物探、电磁波等技术，对永安隧洞、双桥隧洞这类中风险区域开展超前地质预报，同步开展变形监测措施，有效规避涌水突泥①风险，节约大量抢险费用。

智慧运维调度助力指挥决策。智慧运维调度平台建成后利用水质安全预警模型，在圣中调蓄水库、金刚沱泵站取水口等地布设多参数水质监测仪，动态监测库区水质，避免环境风险事件或富营养化等导致的水质恶化。积极推动接入德感泵站的瞬时流量、供水量等真实监测数据，加快研究泵站大型引调水工程节能智慧调度算法模型，为工程的实际调度运行提供可靠技术支撑，实现安全、稳定、规范、绿色调度。

---

①　涌水突泥是隧道、地下洞室等地下工程施工中常见的重大地质灾害，指施工区域因揭露含水体（如溶洞、暗河、裂隙水、松散富水地层等），导致高压水、泥浆、砂卵石或破碎岩体在短时间内突然涌入施工空间的现象，具有突发性强、破坏力大、处置难度高的特点，严重威胁工程安全、进度及人员设备安全。

## （三）生态修复：系统性治理水土流失

搭建表土资源化利用体系。创新“剥离—转运—暂存—回用”四步法土地资源利用步骤，将施工前剥离的表土回用于管线回填、弃渣场复垦、边坡绿化等，实现林草植被恢复率达 92%。同时，在渝西工程试点“表土银行”机制，将富余表土调剂至渝西工程其他施工点，实现资源跨区域循环利用。

做到弃渣场科学治理。渝西工程积极推行“先挡后弃、分级碾压”工艺，在弃渣场建设拦挡措施、截排水沟，采用实地测量控制堆渣坡度，确保渣体稳定性，降低弃渣场崩塌带来的二次处理工作概率。以“节水优先、空间均衡、系统治理、两手发力”治水思路为指引，全面统筹协调各参建单位，高效、有序推进水土保持弃渣场变更手续的办理工作。

图 4-4　双桥隧洞进口地表土利用保护

落实水保工程规范施工。贯彻落实弃渣场一场一图工作要求，规范拦挡措施、截排水措施、沉沙池等水土保持措施的建设标准，在施工阶段严格按图施工，保证工程规范化施工建设。

### （四）生物保护：多层次生态补偿体系

设置珍稀鱼类立体防护网。采用物理隔离方式，在金刚沱泵站取水口设置拦鱼栅，将进水方式设计为自流入泵房，减少鱼类卷吸效应，降低鱼类生物量损失。另外，在施工期开展驱鱼措施，驱赶鱼类远离施工区，避免施工损伤珍稀鱼类。同时，开展动态巡护，定期委托志愿队开展水域巡护确保鱼类安全。

增殖放流与栖息地修复。联合中国水科院长江水产研究所筛选岩原鲤、胭脂鱼等本土物种，采用鳃盖荧光标记、背鳍挂牌等方式进行科学放流增加水域鱼类比例，后续根据重捕、声学探测或环境特异 DNA 检测等技术进行跟踪监测。加快开展生境重建工作，拟在长江干流实施鱼类栖息地修复工程，采用人工鱼巢栖息地修复技术，通过严格的数据把控和人工鱼巢投放，吸引性成熟成鱼进入繁殖生长，提高鱼类自由繁衍成活率。

推行生态补偿长效机制。联合江津区农业农村委，开展珍稀鱼类应急救护，成立江津珍稀鱼类救护站，宣传培训珍稀鱼类救护知识；拟设立“渝西水资源工程草街嘉陵江提水泵站鱼类风险应急救护基金”与合川区农业农村委联合建立风险应急小组，制定鱼类风险应急救护资金管理办法，做到专款专用，建立长效保护机制。

## 三、经验与启示

### （一）党建统领是压实生态责任的重要保障

渝西工程项目组成立专门的生态环保领导小组，通过党课、专题讲座、主题活动等形式，以党的带动引领为中心，增强全体党员及职工的生态环保意识。与此同时，将建造目标纳入年度党建工作计划，把党内监督、群众监督等多样化党建方式运用其中，确保环保主旋律在工程实施过程中得到严格执行落实。

### （二）科技赋能是推动生态建造的重要手段

渝西工程借助现代科技的精确监控、精准检测、精准监督的无时空边界能力，构建起“天—地—空”一体化监测网络，利用卫星遥感等智能设备，实现施工现场生态数据、建造数据实时锁定分析；伴随无人机巡查重点区域等技术手段实现环境风险秒级响应。开发采用“生态大脑”决策系统，整合多源数据，生成污染溯源、水土流失预测等分析报告，切实推动建造工程实现生态工程、绿色工程落实落地。

### （三）制度创新是保障生态运行的重要支撑

制度作为配置工程的基本遵循，创新性出台《渝西工程施工期环境保护管理办法》等针对性文件，用于明确各方权责，并贯彻“以责论处”“重奖重罚”的原则，坚持精神鼓励与物质奖励相结合，思想教育与经济惩戒相结合的原则，对项目实施阶段中涉及生态环保的合同进行严格管理，确保生态文明建设不打折扣。

# “碳”索先机　绿色引擎驱动经济腾飞

## ——两江新区开启国家级气候投融资试点建设新征程

发展绿色金融，是实现绿色发展的重要措施，也是支持绿色产业和经济社会可持续发展的重要举措。习近平总书记强调，“强化金融支持，大力发展绿色金融，推进生态环境导向的开发模式和投融资模式创新，探索区域性环保建设项目的金融支持模式，引导各类金融机构和社会资本投入”[①]。近年来，我国的绿色金融政策体系不断完善，绿色金融产品创新不断加强，绿色金融试验区不断探索，绿色金融体系建设取得显著成效。重庆作为全国首个全域覆盖的绿色金融改革创新试验区，通过政策支持、产品创新和数字化转型，为绿色低碳发展提供了有力支持。同时，不断深化绿色金融与转型金融的协同发展，推动更多金融资源支持低碳转型。

### 一、背景情况

为实现绿色低碳发展愿景，并兑现“双碳”承诺，我国积极推动气候投融资试点工作。《关于促进应对气候变化投融资的指导意见》《关于深入

① 习近平:《以美丽中国建设全面推进人与自然和谐共生的现代化》,《求是》2024年第1期。

打好污染防治攻坚战的意见》等政策文件，从不同角度指出要加快发展气候投融资，探索差异化路径，加强金融监管合作，推动绿色转型，实现国家自主贡献目标。重庆市政府高度重视气候投融资试点工作，推动绿色金融助力低碳发展。两江新区作为首批国家级气候投融资试点城市之一，围绕长江经济带绿色发展目标，聚焦工作机制、产融对接和创新示范，发挥金融创新在绿色低碳产业中的作用，通过强化顶层设计、建设气候投融资项目库、建立碳账户等措施，加快培育产业体系，推进气候友好型项目落地，探索多元化“产融对接”模式，因地制宜推动气候投融资试点工作。

## 二、主要做法

### （一）先行先试，构建试点保障体系

构建“2+1+3”政策框架体系。两江新区结合实际，按照“先行先试”原则，以绿色金融政策为参考，构建“2+1+3”政策框架体系，即 2 个政策文件“《重庆两江新区绿色金融支持碳达峰碳中和工作方案》《重庆两江新区促进产业高质量发展若干政策措施》”，1 个实施方案“《重庆两江新区气候投融资试点实施方案（2023—2025 年）》”，3 个技术指南“《两江新区气候友好型项目重点支持清单》《两江新区气候友好型项目库管理实施方案（试行）》《两江新区气候友好型项目碳绩效评价技术指南》”，明确试点范围、重点领域及项目筛选标准，分类支持减缓与适应气候变化项目，形成具有两江新区特色的试点政策标准体系。

建立组织保障体系。2023 年 8 月，两江新区发布《“十四五”应对气

候变化专项规划》，成立“碳达峰、碳中和”环境保护工作领导小组，建立跨部门协作机制，推动气候变化应对工作。依据职责分工，落实任务，确保重大事项动态跟踪和协调，促进资源整合与数据共享。领导小组统筹试点工作，联合相关部门明确责任、制定路线图与时间表，建立目标责任考核机制，并将规划落实情况纳入环保督察，定期评估，确保任务按时完成，推动气候投融资试点工作稳步前进。

### （二）创新平台，畅通产融对接渠道

强化产融对接线下平台。2023 年 2 月，重庆市首届气候投融资项目推介会在两江新区成功举办，推动了银企深度合作，获得了降碳与惠企双重成效。两江新区在此过程中发挥其作为绿色金融改革核心区的作用，加强对气候投融资政策体系的宣传与推广。四川天府新区与重庆市两江新区签署气候投融资合作备忘录，推动西部气候投融资信息化平台建设。在成渝双城经济圈建设背景下，成都成功举办了政银企气候友好型对接会，打破了金融产品与项目需求之间的壁垒，为项目落地奠定了基础。此外，两江新区还定期举办政银企对接会，并通过参展碳博会等途径，向公众推广气候投融资工作成效。

建设数智化服务线上平台。为有效解决企业融资难题以及金融机构获取融资信息的“瓶颈”，两江新区围绕产业低碳化等九大重点领域，创新性地组建了一个集多功能于一体的“政银企”三方互通互联的气候投融资对接平台。

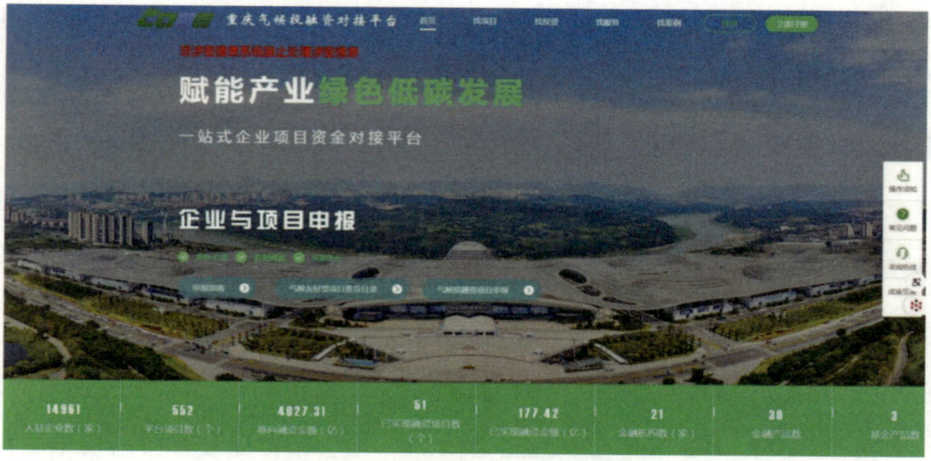


图 4-5　重庆气候投融资对接线上平台

该平台按照“一地创新、全市推广”的要求，已在全市范围内推广应用。企业可通过平台进行项目申报，系统将项目需求精准推送至金融机构，从而实现银企之间的无缝对接，破解传统的“孤岛效应”。截至2025年4月，平台注册企业已达14 961家，入驻金融机构21家，筛选入库项目552个，涉及融资意向金额达到4 038.36亿元。

## （三）探索创新，助推“双碳”走深走实

提出“全域碳账户”理念。两江新区积极探索以“碳账户”为载体，按照“全域碳账户”理念，与重庆市碳市场、长江“绿融通”绿色金融大数据综合服务系统、重庆“碳惠通”核证自愿减排项目库和绿色项目（企业）库等之间建立通信机制。探索打造企业碳排放核算、政府碳排放监控为一体化的碳排放管理模式，探索建立“一企一户”的碳减排生态体系，并形成“碳减排—碳核算—碳认证—碳融资”的完整碳金融生态链，助推气候投融资不断深化与落实，助力两江新区实现绿色可持续发展。

探索跨区域协同合作联盟。两江新区始终坚持融合互通、智库共享的开放交流模式，联络多个试点城市成立“应对气候变化试点联盟”。已与四川天府新区、西安咸阳新区签订气候投融资试点合作备忘录，在政策互通、项目互认、任务共担、智库共享等方面积极合作，推动双方在气候投融资项目和气候友好型企业支持目录和认定标准互认。

## 三、经验与启示

### （一）“一刀切”不可取，要差异不要统一

在试点初期，两江新区就因地制宜地搭建工作框架，精准对接区域产业发展需求，避免“一刀切”的盲目发展。为此，编制并印发了《重庆两江新区气候投融资试点实施方案（2023—2025 年）》等文件，积极构建起引导气候投融资发展的政策框架体系。通过充分发挥环境经济政策在应对气候变化中的引导作用，为气候投融资的健康发展营造了良好的政策环境和营商环境。

### （二）“不对称”不可取，要多元不要唯一

主动举办政银企对接会、召开气候投融资金融机构专场会、参与西部首届碳博会，打造多元化的沟通平台，推动政银企信息互通互接，避免沟通渠道的单一限制。通过“长江绿融通”专线的联通，进一步打通多种项目对接渠道。同时，借助大数据系统，搭建集项目申报、项目储备、项目推送为一体的多功能气候投融资对接平台，促进“政银企”三方互通互联，形成常态化对接机制，减少信息不对称。

### （三）“守旧念”不可取，要合作不要单一

川渝双方主动摒弃各行政区发展的旧念，共同打造成渝地区双城经济

圈气候投融资先行示范区，推动跨区域合作，形成积极的示范效应。通过及时宣传试点工作阶段性成果和融资成功的优秀案例，主动吸引更多金融机构的合作。并鼓励各大银行开发多样化的金融产品和服务，提升金融产品与企业需求的适配度，减少投融资失败的风险，实现合作共赢的更多可能性发展。

# “+ 旅游”传统村落焕新生

## ——武隆区荆竹村农文旅融合发展的新生实践

推动农文旅深度融合，是全面推进乡村振兴的重要途径。习近平总书记强调，“全面推进乡村振兴，要立足特色资源，坚持科技兴农，因地制宜发展乡村旅游、休闲农业等新产业新业态，贯通产加销，融合农文旅，推动乡村产业发展壮大，让农民更多分享产业增值收益”[①]。国家通过政策引导顶层设计、推动产业深度融合、注重文化挖掘融合、加强科技赋能升级、完善基础设施以及创新利益联结机制等系列举措，推动农文旅深度融合，激活乡村资源，促进乡村产业兴旺，农民增收致富。重庆以文化艺术赋能乡村建设，加大产业生态重塑与三产融合、非遗与旅游深度融合、城乡互动与文化融合，建立健全政府引导、专业介入、村民共创机制，推进农文旅深度融合发展。

## 一、背景情况

荆竹村，属于重庆市武隆区仙女山街道管辖，紧邻世界自然遗产地——天生三桥，距离仙女山国家 5A 级旅游景区、仙女山国家级旅游度

① 《习近平在广西考察时强调　解放思想深化改革凝心聚力担当实干　建设新时代中国特色社会主义壮美广西》,《人民日报》2021 年 4 月 28 日。

假区约 5 公里，该村生态环境优良，资源禀赋丰富，却是长期处于交通不便、信息闭塞、产业空虚化的落后村，在“绿水青山就是金山银山”理念的指引下，以“旅游景区 + 田园综合体 + 特色小镇 + 美丽乡村 + 特色产业园”全新融合发展的乡村旅游模式为主线，坚持一二三产“+ 旅游”的发展理念，持续探索旅游研学、户外体验、农旅观光、亲子体验等创新旅居模式，保持原乡生态、复合产业、跨界生活，构建理想生活模式，营造新型“生产、生活、生态”的场景，全面带动周边村民和脱贫户致富增收，助推乡村振兴，用绿色发展擦亮“美丽乡村”底色，不断提高乡村发展的“含绿量”“含新量”“含金量”，奋力书写“两山”成效转化新篇章。2024 年，荆竹村入选文化和旅游部关于文化和旅游赋能乡村振兴“十佳”案例名单，被授予“重庆市巴渝和美乡村五星级示范村”称号。

## 二、主要做法

### （一）践行“两山”理念，以旅为核筑牢绿色发展之魂

理论学习改变村民观念。利用院坝会、村民大会、小组会议等载体，组织村民集中学习习近平生态文明思想，将“绿水青山就是金山银山”理念作为学习重点，汇聚村民思想合力，将生态保护和旅游开发相结合，坚定发展乡村旅游，切实在“两山”之间架起“蝶变”桥梁，使“荒原变归原、荆竹变金竹”的绿色观念和实践案例深入人心、扎根民心，让“两山”理念在仙女山上落地生根。

环境整改提振乡村风貌。由村民代表和网格员组成“民乐村美”评议小组，通过逐户打分、授旗、张贴公示等激励惩处方式，推动村民自主自

觉转观念、改习惯，形成全村爱护环境的好风气。此外，强化环境整治，个性化定制旱厕改造方案，实现 100% 卫生厕所全覆盖治理，并聘请困难户担任垃圾转运员，定点转运生活垃圾，保持村庄整洁有序。启动“七彩荆竹”打造计划，装饰艺术景观小品 60 余处，点缀墙绘等色彩元素，串联青砖花池微景观庭院。

图 4-6　荆竹村归原小镇

少拆多改蕴含乡村味道。通过流转土地林地、闲置旧房，防止大开大挖破坏自然环境、田园景观，做好修旧如旧、加固美化，变烤烟房、土瓦房为书吧、工作室；新建房屋取材当地石块、篱笆，彰显生态化、本土化特色。修葺古代商道驿站“荆竹古道”，改造“无有图书馆”，翻修“归原茶馆”，展示 20 世纪 80 年代农村民居风格和生活，留住乡村记忆。

### （二）激活乡村活力，以旅为根打牢绿色发展之基

搭建一个平台。实施“四民”工程，即原村民素质提升、新村民筑巢

引凤、云村民广泛云集、荣誉村民领衔带动。依托红白喜事等活动，组织原村民开展“荆竹夜话”，传递最新政策、交流意见建议。邀请专业人才作为“新村民”进驻，开展规划设计、经营服务等培训，全面提升文旅产品定位。上线“云上荆竹”，设置网上留言板，广泛吸引“云村民”建言献策。汇聚专家学者，引进农业专家、书画名家、知名企业家等“荣誉村民”，不定期开展讲座，提供智力支撑。

引进一批人才。设立工作站，引进专业农业人才，建设高山水果种植科研基地，带动周边种植水果 5 000 余亩，年经济效益达 1 000 万元。联合中国人民大学、重庆大学等 10 余所高校，在荆竹村成立“乡村大学城”，借力高校资源建设“政产学研用”五位一体校地合作新场景、新模式。建设候鸟人才工作站，服务好并吸引住前来荆竹度假的名人、能人、企业家主动服务荆竹发展，目前已建档 20 余人。

办好一批活动。精心举办由原村民、新村民、云村民、荣誉村民共同会演的“荆竹村晚”，多角度展示乡村文化自信。举办高山水果采摘季、大地艺术节、“文学家与村”等民间艺术活动，年均吸引 10 万余人参与。

### （三）强化产业融合，以旅为骨释放绿色发展之力

多向度融合。通过“文化 + 旅游”“文化 + 农业”“农业 + 文化”“体育 + 文化”等多向度融合，促进旅游、山地特色农业、体育、文创等产业“接二连三”。引进归原小镇等一批文旅主题项目，以项目建设带动发展。改造归原茶社，再现土柴火灶、铜茶壶与青瓷杯等故园情景，以乡愁记忆吸引游客驻足。建成武隆区三农产业联合会联农带农转化平台，带动山羊、西红柿等农副产品销售，年销售额达 2 000 万元。打造“武小

仙”“隆小马”系列文创品牌，推出时尚竹编、蜡染香包等文创产品，衍生旅游产业链多链条发展。

图 4-7 荆竹村山景民宿

多业态融合。加快研学、采摘、电商等多种业态的融合发展，建设创客服务中心，引进知名酒店、特色餐饮、文化娱乐等企业，不断催生新业态。“归原小镇”按照“田园＋乐园＋庄园”发展模式，打造避暑康养、主题民宿、户外运动等融合项目，建成4A级乡村旅游特色景区。开通“三农”直播间，推广高山蔬菜、糯玉米等特色农产品以及打造七仙阁洞穴主题餐饮消费新场景，定向收购农特产品，实现产业的村落内循环。

多利益主体融合。建立农田、林地托管机制，农户将土地委托村集体、龙头企业、专业合作社代耕代管代种，全村流转土地、林地等超2万余亩，托管农户实现稳定增收。构建“政府＋基层党组织＋联盟＋农户”农文旅发展模式，建成集现场采摘、研学培训等于一体的特色水果产业示范带；组织龙头企业、村集体、村民共同成立“乡宿联盟”，将村内具有民族特色的民房统一改造，带动乡村民宿品牌化发展，助力村民实现“家门口”创业。

## 三、经验与启示

### （一）遵循绿色发展，开发利用与环境保护并重

通过治理林地水土流失、完善林地群落结构、加强山体保护、强化环保宣传等方式，持续整治环境、修复生态功能，实现旅游环境和农村人居环境共同提升，强化村民和游客环保观念，杜绝经济发展以环境损坏为代价的恶性发展思想。

### （二）坚定文化自信，传承文化与创新复兴并重

以“最佳旅游乡村”为新起点，保留根植于独特地理文化环境的生活方式和建筑特色，引入现代创意再造公共文化空间，将农耕文化和现代文明要素融合，以现代创意活化传统乡愁，向世界展示中国乡村新气象。

### （三）根据发展需要，人才培养与产业升级并重

从乡村旅游发展需求出发，实施原住民素质提升、新村民筑巢引凤、云村民广泛云集、荣誉村民领衔带动的“四民工程”，以人才振兴引领乡村全面振兴，并借助人才力量建设科研基地，提升村落内部的产业配置发展质量，为农文旅融合发展提供强力智力支持。

### （四）紧跟市场热点，创新研发与深耕细分并重

以乡村旅游为引领，围绕休闲农业、生态康养、教育培训、人文艺术、户外运动、特色民宿等主题，丰富特色产业布局，助推荆竹村从传统农业发展模式向一二三产“+旅游”融合发展模式转变，带动当地就业和发展。

# 生态田园　幸福橘乡

## ——忠县“两山”理念下柑橘产业的绿色实践

产业兴旺是乡村振兴的重要基础，是解决农村一切问题的前提。习近平总书记指出，“产业振兴是乡村振兴的重中之重，要坚持精准发力，立足特色资源，关注市场需求，发展优势产业，促进一二三产业融合发展，更多更好惠及农村农民”[①]。国家高度重视特色农业发展，持续推进农产品“三品一标”四大行动，增加绿色优质农产品供给，加大农产品市场体系建设，特色农产品高质量发展取得积极成效。重庆大力发展特色农产品产业，扩大产业规模，注重品牌建设，增加出口贸易，加快产业融合发展，做好“土特产”文章，把乡村特色资源优势转化为产业发展优势。

图 4-8　三峡橘乡田园综合体

① 《习近平在河北承德考察时强调　贯彻新发展理念弘扬塞罕坝精神　努力完成全年经济社会发展主要目标任务》，《人民日报》2021 年 8 月 26 日。

## 一、背景情况

重庆牢记嘱托，坚持高质量发展与高水平保护并重，各区县持续深入践行“两山”理念，已有6个区县或区域获评“绿水青山就是金山银山”实践创新基地。忠县依托特殊的土壤气候条件发展柑橘产业，以全国首批、重庆市唯一的国家级田园综合体为载体，坚持高起点谋划，高标准建设，高效率推进，创新打造柑橘全产业链，加速推进“三产”融合发展，咬定目标，持之以恒，久久为功，实现了“一粒种子到一杯橙汁再到一座橘城”的嬗变，走出了一条产业发展“高价值”与绿水青山“高颜值”的生态富民新路，形成了独具特色的“两山”“两化”实践典范。2023年，三峡橘乡田园综合体被命名为全国第七批“绿水青山就是金山银山”实践创新基地。

## 二、主要做法

### （一）厚植生态本底，橘满田园“荒山”变“青山”。

高规格谋划。自1997年引入美国施格兰柑橘产业化项目以来，忠县始终坚持把柑橘产业作为富民生态产业，全面推行标准化种植，开启了中国现代柑橘产业发展新篇章。三峡橘乡田园综合体规划布局“一镇三廊四区”，构建起生产、产业、经营、生态、服务、运行六大支撑体系。成功创建全国绿色食品原料（柑橘）标准化生产基地，忠县被授予“中国柑橘城”称号。

高标准建设。累计投入30余亿元，建成橘乡人家风情廊道、环青龙湖慢行廊道、田园马拉松廊道等基础设施。创新集成土壤分析改良、科学选种育苗、标准化建园、智慧化管理、生态化种养殖等8项国内先进技术标准，提升产业质效，形成产业优势，助力柑橘产业绿色高质量发展。

高水平保护。田园综合体内高标准建园2万亩，辐射带动全县建园超36万亩，长江两岸20余万亩柑橘标准果园形成独特“生态走廊”，提高全县森林覆盖率近11个百分点，年增加涵水量超3亿立方米、减少流入长江泥沙700万立方米。2024年全县环境空气质量优良天数353天，田园综合体地表、地下水质优良率100%，集中式饮用水水源地水质全面达标，无污染地块和耕地。

图4-9　长江两岸20余万亩柑橘标准果园形成独特“生态走廊”

## （二）打造生态产业，延伸链条“一产”变“三产”。

皮渣废料做“减法”。柑橘皮渣无害化处理被业界称为“世界级难题”。忠县投入3 000万元，建成国内规模最大、技术最先进的现代化柑橘皮渣利用加工厂，将柑橘皮渣从“废物废料”加工成为橙皮丁、香精油、畜牧饲料、有机肥等行业领域“抢手货”，获得多项技术专利，形成“从一粒种子到一杯橙汁再到皮渣综合利用”完整产业链，实现柑橘产业“榨干吃尽”、零污染零排放。

文旅融合做“加法”。忠县建成展示柑橘5000年文化的时空馆，开发柑橘“+乡村旅游”“+体育健身”“+休闲观光”等新业态。推动产学研深度融合，成为西南大学等多所高校和中小学实践教学基地。田园综合体自2020年12月开园以来，累计接待各类考察团队500余起，接待社会游客430余万人次，成功创建国家AAAA级旅游景区，成为乡村旅游热门打卡地。

图4-10 “花果同树”奇观

科技创新做“乘法”。建成全国唯一果品类国家级技术中心——国家柑橘工程技术中心，制定地方标准、国家行业标准及国际采标确认的柑橘企业标准30多个，赢得中国“柑橘规模看赣南，柑橘技术看忠县”的美誉。推进柑橘产业国际协同创新，以高等院校与科研院所为技术依托，引进院士级等国内外知名专家学者入驻国家唯一柑橘研究所，形成一批国内前沿技术成果。

### （三）优质生态产品，橙果飘香“果品”变“商品”

品种培优，掌握“主动权”。收集留存堪称柑橘活化石“莽山野橘”、吉尼斯世界纪录最小柑橘“金豆”等398个柑橘品种，建成全球最全最大柑橘活体基因库，真正实现柑橘种子、种植技术掌握在中国人自己手中。建成亚洲最大、年育苗300万株的柑橘脱毒容器育苗基地，苗木提供辐射四川、湖南、湖北等地，提高市场核心竞争力，牢牢把住柑橘产业发展主动权。

品牌打造，提升“话语权”。科学布局早、中、晚柑橘品种，呈现“花果同树”奇观，鲜果全年错时上市。融合地方文化特色，培育“忠橙”“忠州橙汁”两大区域公用品牌，“忠橙”以近106亿元的品牌价值荣获“2024中国品牌500强”“2024中国（橙类行业）十大领军品牌”；2025年5月，“忠橙”品牌价值跃升超185亿元。柑橘果品通过陆海新通道，出口新加坡、覆盖东南亚。建成中国乃至亚洲第一个NFC原榨橙汁加工厂，“派森百橙汁”荣获中国驰名商标，连续16年成为人民大会堂国宴接待饮品。

数字赋能，实现“主导权”。建成“数据+电商+金融”三大平台的“柑橘网”，线上交易额累计达到102亿元，主导柑橘实现“买全国、卖全国”。柑橘产品商品化率实现90%以上。推进省部共建国家级（忠县）柑橘产地市场建设，获得全国唯一柑橘大宗商品交易牌照。

### （四）拓展生态效益，福盈心间“苦脸”变“笑脸”

引导参与融合。“龙头企业 + 合作社 + 基地”“龙头企业 + 农户 + 基地”等产业化发展模式，引导农民以闲置房屋出租、土地流转、树权分红、返聘务工、辅助创业等方式，充分参与、广泛受益。三峡橘乡田园综合体成功入选 2020 重庆乡村振兴十大示范案例。

紧密利益联结。全面实施“三变”改革（资源变资产、资金变股金、农民变股东），田园综合体内 100% 的农民参与股权化改革，通过吸纳就业促增收、连续 6 年固定分红、种植大户保底收购等方式，建立健全利益联结机制，拓宽农民增收致富渠道。

全民共建共享。实施土壤改良、道路改造、水体整治、厕所革命、垃圾收运、污水处理等工程，系统生态修复治理，全面推进人居环境整治，2024 年田园综合体内建成宜居美丽乡村 10 个、果农人均可支配收入增加近 3 万元，全县柑橘产量 50 万吨、综合产值 65 亿元，近 7 万户、超 22 万果农“钱袋子”鼓起来，生活殷实，愁苦不见，笑脸常在。

## 三、经验与启示

### （一）坚持用“两山论”护好生态环境本底

以三峡橘乡田园综合体为载体，规划布局“一镇三廊四区”，以柑橘产业为抓手，全面推行柑橘标准化种植和落实高水平管护，26 年持续系统推进山水林田湖草沙一体化保护和治理，抓实生态环境保护，守住“绿水青山”之本，不断提升环境质量、拓展绿色空间、净化土壤环境，生动践行“两山”理念。

### （二）坚持用“两山论”打通价值转化路径

探索政府主导、企业和社会各界参与、市场化运作、可持续的生态产品价值实现路径，因地制宜发展柑橘产业，形成独具特色的绿色发展模式。同时，创新“三产”融合，积极发展生态农业、生态旅游、生态文创等“生态+”产业，利用良好生态环境资源开发运动休闲、观光旅游等经济价值高项目，把生态资源转化为产业优势，提高传统产业的生态附加值，将“绿水青山”持续地、增值地转变为“金山银山”，实现生态资源资产的保值增值。

### （三）坚持用“两山论”共谋生态民生福祉

“两山论”的出发点和落脚点是以人民为中心，让人民共享发展成果，为人民谋福祉。聚焦“生态惠民、生态利民、生态为民”目标，实施资源变资产、资金变股金、农民变股东“三变”改革，紧密利益联结，解决农民最关心、最直接、最现实的利益问题，充分调动了农民群众的积极性、创造性，凝聚合力，让“绿水青山”变“金山银山”，夯实了民生福祉，群众获得感、幸福感不断增强。

# 第五篇　健全生态环境治理体系

生态环境治理是一项全局性系统工程，需要统筹推进全领域转型、全方位提升、全地域建设、全社会行动。习近平总书记指出，“要提高生态环境治理体系和治理能力现代化水平，健全党委领导、政府主导、企业主体、社会组织和公众共同参与的环境治理体系，构建一体谋划、一体部署、一体推进、一体考核的制度机制”①。重庆以“数智赋能＋机制创新”双轮驱动生态环境治理体系迭代升级，构建智能感知网络与数据分析平台，实现生态环境全要素监测与全周期管控；创新跨省市生态共治机制，深化污染防治、生态保护等领域的联防联控；强化市级统筹协调能力，形成跨部门联动的风险预警、防控及应急处置闭环体系，全面提升生态安全治理效能。

---

①《习近平在中共中央政治局第二十九次集体学习时强调　保持生态文明建设战略定力　努力建设人与自然和谐共生的现代化》，《人民日报》2021年5月2日。

# 数字赋能　让治水从“人治”转为“智治”

## ——重庆市探索“巴渝治水”数智化治理新模式

数字技术作为推动生态环境治理现代化的重要引擎，通过数据穿透性、算法智能性与连接泛在性，破解传统生态环境治理的碎片化困境，推动治理体系向全域协同、精准溯源、动态调控升级。习近平总书记强调，“深化人工智能等数字技术应用，构建美丽中国数字化治理体系，建设绿色智慧的数字生态文明”[①]。目前，我国数字生态文明建设还处于起步阶段，不断加大数字技术创新生态文明建设方式，不断推动数字化与绿色化深度融合，以数字化引领绿色化，以绿色化带动数字化，通过数字生态环境科技创新充分释放生态环境治理的潜力和活力，为建设美丽中国提供强劲动能。重庆坚持以改革突破为目标，系统推进“数字生态环保大脑”建设，建设应用巴渝治水、治气、治废等数字化场景，贯通智慧河长、林长、气象等多跨协同应用，建立生态环境数据资源目录与共享交换机制，深化跨部门数据融合分析，打造环境质量、污染源、生

---

① 习近平:《以美丽中国建设全面推进人与自然和谐共生的现代化》,《求是》2024 年第 1 期。

态资源“三本台账”智能管理平台，为建设高品质生态环境提供有力支撑。

## 一、背景情况

重庆地处长江上游和三峡库区腹心地带，保护好长江母亲河和三峡库区，事关重庆长远发展，事关国家发展全局。为解决治水业务分散、涉水数据碎片化、业务系统烟囱化等难题，重庆围绕“治水”一件事，谋划开发“巴渝治水”应用系统，即围绕“1551”整体框架（建立1个治水数据底座；协同“水环境、水资源、水生态、水安全、水文化”5大治水任务；打造“感知—预警—治理—考核—评价”5大应用场景；形成1套支撑体系），持续用力夯实基础，以支撑深入打好碧水保卫战为主线，聚焦打造全量感知、预测预警、智能决策、系统治理、贯通实战、综合管控等6大重点能力，集成10个高频治水事件，逐步建立“快速感知、风险研判、态势分析、高效处置”治水作战体系，着力推动水环境安全风险监测预警感知触角覆盖全市域，努力实现治水工作由“治”到“制”再向“智”跃迁，以数字赋能“一江碧水向东流”，为美丽重庆建设持续夯实生态安全基础。该系统连续两年获评数字重庆建设优秀应用成果、连续两届获评数字中国峰会典型应用案例，作为重庆数字政府建设成功经验写入《中国电子政务年鉴》。

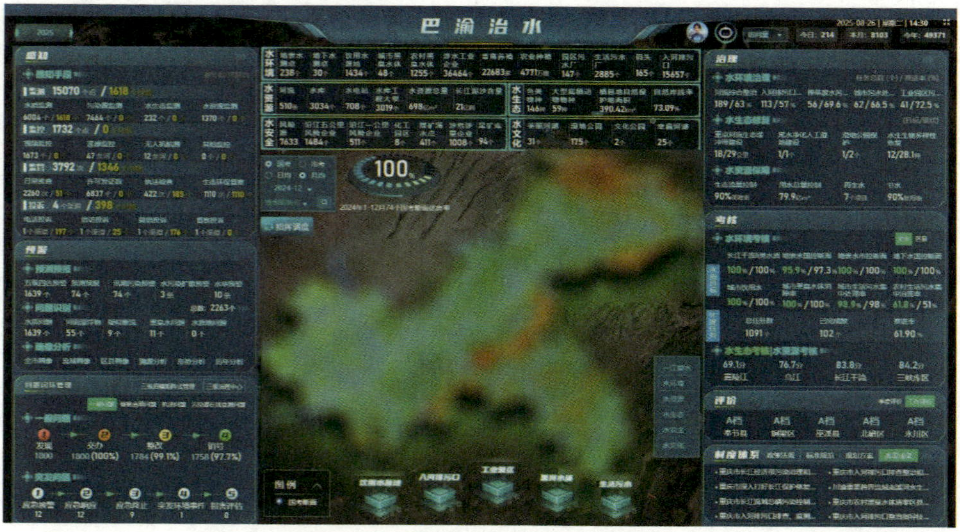


图 5-1　巴渝治水系统示意图

## 二、主要做法

### （一）构建多跨协同数据中枢

建立数据资源共享平台，打通生态环境、水利、住建、农业农村等部门数据壁垒，重构治水业务逻辑。一是推动数据整合。整合住房城乡建委、农业农村委、生态环境局等部门涉水数据，涵盖污染源、水质监测、污水处理设施等全要素信息。二是流程重构。构建“感知—预警—治理—考核—评价”闭环流程，消除重复填报和多头索取问题，数据调用效率提升 60%。三是打造应用场景。通过数据仓支撑“空天地”一体化智能感知网络，实时监测流域动态，为跨部门协作提供统一数据底座。

### （二）打造智能预警与决策体系，推动治水精准化

构建水环境监管 AI 智能体，集成水质预警、污染扩散模拟、超标规律分析等功能，结合 DeepSeek 本地化模型，实现污染源动态更新与智能决策。一是智能分析。融合气象、水文、污染源等数据，AI 智能体可自动识别水质超标原因，生成处置建议，决策响应时间缩短至 30 分钟以内。二是建立动态更新机制。关联市场监管局、税务局等部门数据，建立涉水污染源实时更新规则，污染源信息更新频次从 10 年一次提升至实时动态管理。三是风险预判。构建水污染扩散模型，精准预测污染到达敏感点时间，为应急处置争取 48 小时以上缓冲期。

### （三）健全全链条闭环管理

建立“问题发现—交办—整改—销号”全链条闭环机制，并创新排污口“污染源—污水处理厂—排污口—断面”链式管理模式。一是问题处置闭环。通过线上平台实现问题一键交办，24 小时内响应、48 小时督办，处置效率提高 80%，问题整改率达 95% 以上。二是排污口精细化管理。全国率先建立排污口链式关系数据库，实现排污口状态实时监控，违规排放事件同比下降 70%。三是建立复盘改进机制。每月对超标河流进行 AI 复盘分析，生成“绿蓝黄橙红”五色评价报告，指导区县针对性整改，科学决策覆盖率提升 90%。

### （四）创新跨域协同治理

建立“三纵四横”协同体系（纵向市、区、乡镇三级联动，横向跨省市、部门、区县、乡镇协同），以川渝铜钵河联防联控为试点，推动跨区域线上协同处置。一是推动川渝协同治理。梁平与四川达州实现全国首个

省市间水环境问题线上协同处置，数据共享覆盖3条跨界河流、12个敏感断面，协同处置率提升90%。二是任务贯通。高频治水事件（如水质监测异常）实现三级贯通，跨部门协同效率提升80%，问题处置周期压缩至72小时内。

### （五）完善制度标准体系

制定数字化规则与技术标准，出台水质异动处置机制、入河排污口精准管控规则等政策，编制12项技术规范，形成“一地创新、全市复用”机制。一是规则与算法融合。将政策要求嵌入AI模型，实现排污口自动预警、污染源精准溯源。二是标准化建设。制定水质自动监管平台联网方案、视频监控对接规范等，统一数据采集、传输、共享流程，系统对接效率提升50%。三是长效保障。通过操作手册和智能预案库，推动10个高频治水场景标准化，区县复制推广周期缩短至1个月内。

## 三、经验与启示

### （一）治理思维转型

以“治水一件事”为切口，突破传统治理路径依赖，构建“空天地”一体化智能感知网络，依托IRS打通生态环境、水利、住建、农业农村等部门数据壁垒，运用“三张清单”、“V”字形工作法等，将治水核心业务拆解形成700余项业务事项，重构“感知—预警—治理—考核—评价”闭环流程，并构建标准统一、流程清晰、责任明确的生态环境治水数据应用仓，有效解决数据壁垒、查询不便，重复填报、多头索取等问题，最大限度挖掘和发挥数据价值。

### （二）协作机制创新

依托重庆市建立的全国首个三级城市运行和治理中心，形成市、区、乡镇三级上下联动，跨省市、跨部门、跨区县、跨乡镇横向协同的“三纵四横”线上协同处置工作体系，完成地表水水质监测异常问题处置等高频治水事件的三级贯通，实现问题一键交办，24 小时处置应答，48 小时自动督办，处置效率提高 80%，部门横向协同处置率提升 90%。

### （三）制度技术融合

推动政策法规与技术标准深度融合，形成“规则数字化—算法模型化—场景标准化”治理闭环。一是规则嵌入算法。将《水质异动处置机制》《入河排污口精准管控规则》等政策转化为 12 类预警模型，实现污染源自动溯源、排污口动态监控。二是构建标准体系。编制《水质自动监管平台联网方案》《视频监控对接规范》等 9 项技术标准，统一数据接口、传输协议和操作流程，系统对接效率提升 50%。三是建立长效运维机制。制定 10 个高频治水场景的智能预案和操作手册，通过“一地创新、全市复用”推动区县快速复制，推广周期从 6 个月缩短至 30 天。

# 绘平安底色　铸绿色之盾

## ——重庆公安“1+1+4”生态警务机制的探索实践

严明生态环境保护责任制度，推进生态环境刑事执法是生态文明建设的重要法治组成部分。习近平总书记指出，“要始终坚持用最严格制度最严密法治保护生态环境，保持常态化外部压力，同时要激发起全社会共同呵护生态环境的内生动力”[①]。党中央、国务院加强环境立法，形成一批立法成果，推动出台一系列重要司法解释和政策；发挥标准引领和倒逼作用，推进科学治污向纵深发展；加快构建环境基准管理和技术体系，大力推动生态环境损害赔偿制度改革，筑牢制度之笼。重庆坚持以优化生态环境法治体系建设为着力点，系统推进野生动物保护、船舶污染防治等地方性法规立改废工作，创新司法协同机制，有效推动生态环境法治体系的制度优势更好地转化为生态环境治理的强大效能。

### 一、背景情况

2017 年 1 月，环境保护部、公安部等三部门联合发布《环境保护行政执法与刑事司法衔接工作办法》，强调各级环保部门、公安机关等要建设

① 《习近平在全国生态环境保护大会上强调　全面推进美丽中国建设　加快推进人与自然和谐共生的现代化》，《人民日报》2023 年 7 月 19 日。

并规范使用行政执法与刑事司法衔接信息共享平台，健全环境保护行政执法与刑事司法衔接机制，推进生态文明建设。2021 年 1 月，生态环境部发布《关于优化生态环境保护执法方式提高执法效能的指导意见》，提出要积极推进非现场监管方式建设，科学建立大数据采集分析和违法风险监测预警等程序。

2023 年 12 月，重庆市生态环境局、公安局、财政局等 19 个部门联合发布《重庆市推动职能部门做好生态环境保护工作的实施方案》，提出要健全权责明晰、协调联动、齐抓共管的现代环境治理体系，推动各级职能部门履行生态环境保护职责。重庆公安认真践行习近平生态文明思想，积极探索出符合本地特色的“1+1+4”生态警务机制，以“1”项生态文明建设议事机制为牵引，以“1”个大数据赋能的“智侦”中心为核心，依托专业带动、全警行动、部门联动、群众发动的“四动”工作格局，实施主动警务和预防警务，充分发挥“刑责治污”在守护“绿水青山”中的利剑作用。

## 二、主要做法

### （一）建立“1”项生态文明议事机制，打牢生态警务的基石

建立完善组织体系。市公安局根据公安机关职能职责，在全国率先成立环保总队，专门负责打击破坏生态环境犯罪工作，积极推动生态文明建设，取得了显著成效，成为全市生态文明体制改革的成功典范。随后，市公安局建立了生态文明建设办公室议事机制，借助大部门大警种制改革，优化机关设置、强化警种力量、增强基层执行力、夯实基础工作，形成“市级主责、区县主战、派出所主防”的工作格局。治安、交巡警、水警、

森林总队等13个警种相继参与，确保各项生态环境保护任务与公安中心工作同规划、同部署、同落实，形成上下联动、左右协同、一体贯通、高效运行的工作体系。

建立健全工作机制。为务实推进生态文明建设工作，市公安局生态文明建设办公室建立了年度工作部署、年终工作总结、不定期工作调度会议等配套制度，以及年度任务分解细化制度、职能部门责任履行报告制度等，坚决落实党建统领“生态环保督察问题清单”“生态报表”制度，协同落实中央生态环保督察、市级例行督察和专项督察整改等工作制度，推动制发了《污染防治攻坚战细化实施方案》《贯彻落实全市深入推动长江经济带发展动员大会暨生态环境保护大会精神的实施意见》等公安环境安全保护工作系列指导性文件，推进完成了生态文明建设各项牵头、配合任务，创新施行了全覆盖“河库警长制”“山林警长制”等，为打造美丽中国建设市域范例积累了丰富的制度经验。

### （二）搭建“1”个智慧侦查中心，提升打击防范的精准度

主动对标先进做法。借鉴浙江“数字环保”平台、深圳“智慧生态”体系、内蒙古跨区域生态协同治理模式等先进经验，结合重庆大城市带大农村、大山区和大库区的复杂城市情况，通过选调技术人才、培养技术骨干、组建攻坚团队，推动跨行业交流与学习、资源共享，以及与高校、科研机构等单位开展技术创新和研发合作等措施，创新性地转化经验，形成自适应的大数据建设与应用思路。

主动融入“数字重庆”。市公安局环保总队成立“智侦”专班，秉承“数据赋能先聚能”原则，整合行政监管数据70类上亿条信息，打破警种

数据壁垒，汇聚成内容丰富、颗粒度细且多样性、实时性强的环保刑事执法数据库。坚持实战需求导向，探索重构重塑“汇集、清洗、归纳、搭建、复盘、整合、推广”等“七步走”大模型建设流程，边打边建、以打促建，加快推进环境资源犯罪类案全覆盖的模型建设，在非法捕捞水产品、非法倾倒固体废物等重要领域形成模型矩阵。

攻坚类案形成示范。突出生态环境领域大数据情报导侦，打造一批新型研判方法和数据模型，以“小切口”推动“大示范”，成功侦破一批大要案件。依托相关自然资源数据，追踪还原、建模深挖、智能比对，形成链条证据，成功侦破污染环境多年积案。依托相关涉渔信息，搭建“智侦”模型，锁定购销非法捕捞工具线索，成功侦破非法捕捞水产品案。依托相关网审平台信息，通过“传统＋科技”手段，打掉全国某领域造假危害生态环境安全的窝点。

### （三）坚持“4”动工作格局，形成生态环境共建共保合力

坚持专业带动。把专业化建设作为警种发展的内驱动力，强化环保执法“以专对专”。市公安局建立环境资源犯罪打击专业总队，全市公安机关均成立专业警种，建强专兼职执法队伍。配置专业装备，建成环境快检实验室，在案件中发挥重要作用，落实了“快速定性、快速定量，快速确定侦查方向”的“三快”机制，目前正进一步升级装备建设，力争尽快建成公安环境专业实验室。加强“人力＋科技”的情报建设，加大获取深层次情报线索力度，搭建多个侦查模型智能推送线索立案，实现精准打击。

坚持全警行动。全市公安环保警种形成“上下贯通、责任明晰”的组

织体系，依托“情报、指挥、行动”一体化运行，多警种资源共享、手段共用、机制融合，打“合成仗”。依托成渝双城经济圈建设和区域警务协作，完善成渝、川渝鄂、滇渝、渝贵黔等区域联手打击环境犯罪机制，拓展邻江、邻岸、接壤等同步执法，打“组合拳”。开展“利剑”“昆仑”“两打”“今冬明春”“夏季行动”“冬季行动”等专项打击整治，破获多起环境资源刑事案件，切实维护了生态安全。

坚持部门联动。通过两法衔接机制，推进实现“各司其职、优势互补，深度合作、资源共享”的目标。与市生态环境局率先建立联席会议、案件移送、信息共享等“三项制度”“六项机制”，与水利、市政、国土等部门建立联动协作机制，与农业农村、林业、审计等部门研究打击环境资源犯罪对策，会同交通、经信等部门落实长江河道管理合作机制，与检法机关形成重大、疑难、复杂案件会商机制等。常态化开展联合培训、联合宣传、联合检查、联合执法等行动，构建生态环境共建共治大格局。

坚持群众发动。积极探索广泛合作，与西南政法大学、重庆大学、市环境科学研究院等高校、科研单位，开展课题调研，建立共享协作。深入企业厂矿、行业协会、环保组织（团体），争取人大代表、政协委员、警风监督员等社会各界的理解和支持，进行环保普法释法。利用“1·10”中国人民警察节、“6·5”世界环境日、“8·15”生态环境日等节点，开展新闻发布、集中采访、现场活动和报刊、短视频等多形式宣传，数十次受到中央电视台、《人民日报》等央级媒体报道，数千次受到各级媒体报道，营造共同关注关心、积极参与支持环保的良好氛围。

## 三、经验与启示

### （一）健全生态警务机制是基础

生态警务机制将生态保护理念内化于警务工作、外化于执法行动，通过贯彻落实具体的执法措施，确保每一次生态环境犯罪的打击、预警和综合治理都切实得到执行落实。在这一机制的构建过程中，重庆公安通过创新和整合警务资源，不仅加强了对生态环境的保护力度，还提升了公众对于生态警务的认知与支持。“公安＋行政”协同机制，作为生态警务机制的核心内容，进一步推进提档升级是增质增效的有力措施。

### （二）优化专业执法路径是保障

市公安局创新性开展挂牌督办、集约战役、异地执法等大要案侦办举措，会同行政主管部门开展专项执法、交叉执法、联合执法，积极协同跨区域跨流域公安机关开展联手打击、联合巡查等，不断强化了对生态环境违法犯罪的打击力度，规范了违法犯罪行为的打击，增强了执法司法合力，确保了执法活动的政治效果、法律效果、社会效果有机统一。

### （三）促进社会共建共治是目标

通过与行政监管部门的衔接协作和高效执法保障，将生态文明理念融入日常警务工作中，鼓励全警参与，成为生态理念的传播者和践行者，有力打击生态环境犯罪，有效应对复杂环境问题隐患的整改。通过宣传发动、联合社会组织、建立举报平台等措施，增强了公众环保意识，带动更多公众关注生态环境问题，举报生态环境违法行为，为社会参与共治机制提供了有益探索。

### （四）增强科技赋能本领是支撑

通过信息化建设、装备配备、科技创新、人才培养等措施，在大数据、云计算、人工智能等现代信息技术的应用上，学习先进的执法理念、执法装备、技术手段，创新推动形成一批具有自主知识产权的科研成果、技术战法，为生态警务的智能化、精准化提供了样本，实现了生态执法效能的显著提升，展现较强的智慧和创新精神。

# 环境也有价　损害要担责

## ——重庆市生态环境损害赔偿制度的改革实践

生态环境损害赔偿制度改革是党中央、国务院部署的一项重大的改革任务。2023 年 7 月，习近平总书记在全国生态环境保护大会讲话中强调，“严格落实生态环境损害赔偿制度，让保护修复者获得合理回报，让破坏者付出相应代价”[①]。我国的生态环境损害赔偿制度通过顶层设计纳入“1+8+1”法律体系并构建鉴定评估体系，依托中央环保督察和污染防治考核强化督导，实现从破题探索到深化落地的显著成效。重庆牢记使命，积极探索生态环境损害赔偿制度改革，逐步构建起具有重庆特色的生态环境损害赔偿制度体系，并取得了显著成效。

### 一、背景情况

党的十八大以来，以习近平同志为核心的党中央把生态文明建设摆在治国理政的突出位置，回答了为何建设、建设什么样的生态文明及如何建设等重大问题。2015 年 12 月，重庆市被纳入全国生态环境损害赔偿制度改革 7 个试点省市，在生态环境损害赔偿工作机制、司法联动、鉴定评

① 习近平：《在全国生态环境保护大会上的讲话》，《求是》2025 年第 15 期。

估、资金管理等方面进行了深入探索。2018年9月，重庆市印发了《重庆市生态环境损害赔偿制度改革实施方案》（以下简称《实施方案》），在总结改革试点的基础上对全市生态环境损害赔偿制度改革工作做出部署安排。生态环境损害赔偿制度以“环境有价、损害担责”为基本原则，以实现“赔偿到位、修复有效”为目标，严厉打击环境违法行为，切实修复受损生态环境。经过十年改革，生态环境损害赔偿制度改革在重庆取得显著成效，为建设美丽重庆、推动生态文明建设作出了重要贡献。

## 二、主要做法

### （一）高位推进改革，实现新跃升

坚持高位推动。重庆市重视生态环境损害赔偿制度改革工作，将“严格落实生态环境损害赔偿制度”纳入《美丽重庆建设行动计划》及其“四个重大”清单强力推进。为持续深化改革，美丽重庆建设领导小组专门下设生态环境损害赔偿制度改革工作专项小组，各区县也深化改革工作推进机制，通过召开推进会、调度会、专题会等形式常态化调度和推进改革工作，实现改革工作“横向到边、纵向到底”的全覆盖推进。

坚持制度建设。坚持把制度建设摆在首位，集成以重庆改革实施方案为统领，以鉴定评估、赔偿磋商、资金管理、损害修复等15个专项制度为配套，以案件办理指南和赔偿工作机制两项综合性制度为辅助的改革制度体系，初步构建了生态环境损害的修复和赔偿制度，明确生态环境损害赔偿范围、责任主体、索赔主体、损害赔偿解决途径等重要内容。此外，还通过地方立法巩固改革成果，《重庆市水污染防治条例》明确规定“推进实施水生态环境损害赔偿制度”；《重庆市生态环境保护督察工作实施办法》明确规定，督察发现需要开展生态环境损害赔偿工作的，移送区县政府依照有关规定索赔追偿。

### （二）案件高效办理，取得新成效

全面筛查案例线索，把好入口关。明确“初步筛查、调查核实、督促索赔”的工作方法。市生态环境局会同多个市级部门，指导各区县对案件线索进行定期筛查，并根据职责提供本领域相关线索。

着力树立案例典型，发挥示范引导作用。2020年以来，组织开展了三批生态环境损害赔偿“十大典型案例”征集活动，累计发布典型案例30件，并通过全媒体途径广泛开展宣传。其中两江新区“某企业非法倾倒混凝土泥浆生态环境损害赔偿案”、南川区“某公司赤泥浆输送管道泄漏污染凤咀江生态环境损害赔偿案”分别入选生态环境部“生态环境损害赔偿磋商十大典型案例”。

探索开展多元化赔偿修复，做好生态修复“后半篇文章”。创新推广“劳务代偿”“以碳代偿”“增殖放流”“分期赔付”等多元化责任承担方式，确保受损的生态环境及时得到修复。例如开州区办理的“廖某某非法猎杀野生动物生态环境损害赔偿案”，鉴于赔偿义务人家境贫困、无经济来源，无法支付15万余元生态环境损害赔偿金，探索以“劳务代偿”修复方式，要求赔偿义务人通过实施补植复绿劳动、巡山护林宣传等义务劳动进行赔偿，落实了“环境有价、损害担责”的原则。

### （三）强化部门联动，塑造新格局

建立健全行政部门与司法部门联动机制。重庆市生态环境局联合市司法局等 12 家单位制定印发《关于进一步明确生态环境损害赔偿制度改革工作若干问题具体意见的通知》，强化生态环境损害赔偿与行政执法、环境公益诉讼衔接。联合市公安局等 10 部门建立生态环境损害赔偿重大案件督办机制，明确重大案件 7 种情形。

建立生态环境领域跨部门科技创新平台。市司法局会同市级相关部门组建市级专家库、培育环境损害司法鉴定机构 11 家。市科技局建立重庆市生态环境损害鉴定评估工程技术研究中心和 50 余家生态环境领域科技创新平台。市财政局、市卫生健康委、市市场监管局等部门按职责分工推进有关生态环境损害赔偿资金管理、环境健康问题调查研究、损害鉴定评估计量标准等工作。

## 三、经验与启示

### （一）强化组织领导，高位统筹推进

市委、市政府高度重视，将其纳入行动计划并成立专项小组，相关部门严格实现分工明确，定期召开推进会，“高位统筹 + 分级负责 + 动态调度”的创新探索，不仅实现了工作推进“横向到边、纵向到底”的全覆盖，更重要的是通过强化组织领导，破解了跨区域、跨部门协同中的壁垒问题，为同类工作的推进提供了“强化顶层设计、压实层级责任、健全联动机制”的宝贵启示。

### （二）健全制度体系，提供坚实保障

以重庆改革实施方案为统领，构建了“1+14+2”制度体系，注重部门间协作，提升多部门联合出台文件的执行效能，完善配套制度，如资金管

理和赔偿磋商等，推动生态赔偿制度体系的健全。同时，通过地方立法巩固改革成果，为制度建设提供了坚实的保障。

### （三）聚焦案件办理，提升工作实效

不仅是确保改革措施落实到位、产生实际效果的关键，更是推动制度创新、实现制度持续发力的前提。连续多年将其纳入督察和考核范围并组织典型案例征集发布，发挥示范作用，在回应社会关注的基础上，对生态环境的修复和保护提供实际保障，确保法律法规得以严格执行，从而为社会的长远发展创造更加稳固的环境基础。

### （四）深化部门联动，凝聚工作合力

行政与司法部门联合出台文件，建立联动机制。多部门建立重大案件督办机制。法院实现跨区域集中管辖，司法局培育鉴定机构、组建专家库，按职责分工共同推进改革，最大限度发挥协同合力，各部门在生态环境保护和赔偿工作中真正做到有效合作。

# 智管严防　构筑生态环境安全底线

## ——长寿经开区构建突发水污染事件环境应急防控体系

生态环境安全是国家安全的重要组成部分，是经济社会持续健康发展的重要保障。习近平总书记强调，“进一步完善国家生态安全工作协调机制，健全国家生态安全法治体系、战略体系、政策体系、应对管理体系，提升国家生态安全风险研判评估、监测预警、应急应对和处置能力”[①]。近年来，我国建立了跨部门跨区域协同机制与信息共享平台，如生态环境部与自然资源部建立国土空间生态修复协同机制，六省一市建立秦岭地区跨区域生态保护协同合作机制，11省市构建长江经济带省际协商合作机制等，在构建生态安全治理协同机制方面取得显著进展。重庆围绕总体生态安全体系构建，强调统筹发展和安全的多维度协作机制，通过完善市级生态安全工作协调机制，联动经济金融安全、资源安全等关键领域，建立覆盖风险评估、监测预警、应急响应的全链条管理体系，推动跨部门协同联动与动态优化，坚决防范重大环境污染和生态破坏事件。

① 习近平：《以美丽中国建设全面推进人与自然和谐共生的现代化》，《求是》2024年第1期。

## 一、背景情况

长寿经济技术开发区（以下简称“长寿经开区”）位于三峡库区上游生态屏障核心区，是长江经济带重点化工产业集聚区，其规划面积102平方公里，与长江干流最近直线距离仅1.02公里。纳入此次试点的新材料产业园规划面积26.96平方公里，园区内集聚环境风险企业142家（其中含重大环境风险企业29家、较大环境风险企业55家、一般环境风险企业58家），涉及10类重点监管危险化工工艺及32种重点监管危险化学品，日均危化品运输量超2万吨，环境风险源高度集中且防控压力巨大。

为破解“临江化工园区发展与水环境安全”的矛盾，长寿经开区在全国率先构建“五级水环境风险防控体系”，即“装置级围堰（拦截泄漏物料）—工厂级应急池（暂存事故废水）—片区级公共应急池（区域性缓冲）—经开区级人工渠（全域截流）—河流级闸坝（长江防线）”五级物理拦截设施，形成总容积达166.9万立方米的梯次防控网络。在此基础上，园区通过“一园”精准画像、“一策”靶向提升、“一图”智慧管控，建立数据全集成、监控全覆盖、值守全天候、应急联动一键响应的管理体系，实现“风险预警—处置调度—效果评估”全流程数字化闭环管理。该体系探索形成的“五级防控＋智慧赋能”模式，受邀在“一园一策一图”全国试点示范现场会做经验交流，成为全国化工园区环境风险防控的示范标杆。

图 5-2　长江一江碧水流经长寿经开区

## 二、主要做法

### （一）全域系统排查，摸清应急空间设施底数

摸清企业应急空间底数。通过源头管控、绿色技改，协同减少污染物排放 1.8 万吨，减少二氧化碳排放 178.4 万吨。指导企业自查，开展专项排查，调查企业围堰、收集池等装置级空间与设施、企业事故应急池等设施，挖掘厂区环境应急空间潜力，梳理掌握企业环境应急空间 82.3 万立方米。

摸清公共应急空间底数。利用园区内的晏家河河道、公共事故应急池、临时筑坝点，对进出园区的水体实施封闭或分段管控，新材料产业园事故废水总拦截能力达到 166.9 万立方米，园区风险防控空间得到充分释放。

建立健全公共设施三级管护机制。制定《长寿经开区公共区域水环境风险防控设施巡查管理办法》，形成了“业主—部门—管委会”三级水环境风险防控设施管理维护机制，对经开区已投入运行的公共区域水环境风险防控设施开展常态化巡查管护，确保公共区域水环境风险防控系统安全稳定有效运行，随时处于应急状态。

## （二）科学构建体系，多维推进应急预案优化

强化分级管理体系，实现预案编制全覆盖。依托生态环境部华南环境科学研究所专业技术力量，系统开展环境应急能力评估，针对企业生产单元、企业间联动协作、园区整体防控三个层级，编制形成涵盖风险防控、应急响应、处置救援等环节的专项预案，率先实现新材料产业园“企业—片区—园区”三级预案体系全覆盖。

强化动态评估机制，确保方案科学合规。组建由安全工程、环境科学等领域技术骨干构成的专项工作组，建立“季度核查＋年度评估”工作机制。通过三维建模、情景模拟等技术手段，持续跟踪研判空间布局与应急设施匹配度，开展设施运行效能评估，动态调整应急资源配置方案，确保预案与经开区发展实际高度契合。

强化多方协同审查，提升方案指导效能。建立“专家把脉＋企业问诊”双审机制，组织部级、市级环境应急管理专家库权威专家与重点企业环保负责人，开展预案联合审查。重点围绕应急响应时效性、处置措施可行性、部门协作顺畅度等关键要素提出优化建议，成功构建多方协同的应急处置标准化流程。

### （三）持续强基固本，全面提升水安全保障能力

聚焦实战实训，淬炼应急处置硬实力。创新开展企业环境风险单元、企业厂级、关联企业联动、公共区域及园区周边等类别联防联控演练，通过三维建模推演与实战演练相结合，迭代更新应急预案，增配智能堵漏机器人、应急监测无人机等装备。

实施分级防控，夯实基础设施硬支撑。建成中航油片区智能化雨污防控系统，形成近3万立方米应急拦截能力。实施闸站设施智慧化改造工程，在响水洞等重点节点部署具备压力传感、远程调控功能的智能闸阀，实现与智慧园区平台的物联感知与自动联锁控制。

强化沿江敏感区技防，织密生态保护硬屏障。针对长江岸线重点风险源，实施本质技防提升工程。完成川维化工雨污切换阀自动化改造；创新应用超声波传感技术，在危化品装船管线布设泄漏监测点；推进沿江管线“向后转”搬迁工程，完成高危管线迁移改造。同步建设雨水排口在线监测系统，设置COD①、氨氮等4项指标实时监控，提升沿江区域环境风险预警能力。

### （四）强化数智赋能，立体打造智慧防控中枢

数据全域感知，夯实风险防控数字底座。集成构建“风险源+环保设施+环境质量”三位一体监测网络，实现危化品企业重大危险源视频监控、重点排污企业治污设施运行参数、关键防控设施运行状态的实时抓

① COD（化学需氧量，Chemical Oxygen Demand）是衡量水体中有机物污染程度的一个重要指标。它表示单位体积水样中，氧化水中有机物所需的氧气量。COD值越高，表明水体中的有机污染物越多，水质越差。

取。做到环境安全隐患早发现、快处理，助力“一级防控不出厂区”目标实现。

设施全景智控，织密公共区域防控网络。构建“5G+ 光纤”双链路传输体系，划分 6 大防控网格部署 230 处智能监控终端，应用 AI 识别技术预警预判。在危化品运输全链路布设物联感知设备，建立“运输载体—运输路径—存储节点”三维监控矩阵，布设 AI+FTTR 自动检测系统，实现异常状态自动告警，助力“二级防控不出公共设施”目标实现。

应急全维协同，打造智慧调度指挥中枢。通过高空瞭望视频和红外热成像视频全方位滚动巡航监控、地上地下 17 个管网图层数据集成、全覆盖三维底图等信息化集成，形成突发环境事件应对一张图，及时锁定事故源头，提升应急反应速度，综合调度多部门协同处置，助力“三级防控不出园区边界”目标实现。

## 三、经验启示

### （一）构建全域联动的空间防护体系

建立“装置—企业—片区—园区—流域”五级空间防护网，通过企业自查与专项排查相结合，全面盘活厂区应急池、公共截污设施及自然水体等应急空间资源，形成多层级截污防控能力。建立“数字孪生 + 动态评估”机制，运用三维建模技术实现应急空间可视化管控，确保防控设施与区域发展动态匹配。

### （二）创新制度化的协同治理机制

推行“三级管护”（业主—部门—管委会）和“双审机制”（专家把

脉 + 企业问诊），通过制度化文件明确各方权责。建立“预案动态更新指数”，将季度核查数据纳入智慧管理平台，实现预案有效性智能评价，促进多主体协同治理常态化。

### （三）打造数字赋能的智慧防控中枢

推进“物联感知—智能分析—应急响应”全链条数字化转型，重点建设“三网一脑”系统（风险源监控网、环境质量监测网、应急设施物联网及智能决策大脑），通过“5G+ 光纤双通道传输”“AI+ 热成像 +FTTR”等技术构建立体防控矩阵。开发突发水污染事件流域流场演变模型，实现突发事件实时智能演算，提升应急处置精准度。

### （四）建立实战导向的能力建设体系

实施“演练—装备—人才”三维能力提升工程，创新开展“桌面推演 + 实兵演练 + 智能演训”三位一体培训模式，建立应急能力量化评估指标体系。布局消防特勤站、专业应急队，配置智能堵漏机器人、无人机编队等特种装备，构建“5 分钟应急装备响应圈”，通过装备智能化推动处置效率倍增。

### （五）突出流域特色的生态屏障建设

针对沿江沿河园区实施“退、改、智”三措并举，推进高危管线退岸入园、雨污管网智能化改造、生态缓冲区智慧监测系统建设。应用 FTIR、生物毒性预警等前沿技术，构建“水—陆—空”立体监测网络，确保不让事故废水流出园区，有效筑牢长江上游重要生态屏障。

# 跨界补偿　共护共治共享“一水”

## ——重庆探索建立跨区县水源地生态保护补偿机制

横向生态保护补偿机制是生态受益地向生态保护地给予补偿的激励性制度安排，是完善生态文明制度体系的重要内容。习近平总书记高度重视，强调“完善横向生态保护补偿机制，激发全流域参与生态保护的积极性”[①]。近年来，我国颁布实施了《生态保护补偿条例》等法规，印发了《关于深化生态保护补偿制度改革的意见》《关于加快建立流域上下游横向生态保护补偿机制的指导意见》等制度文件，不断健全横向生态保护补偿标准、补偿方式等，工作法治化、规范化水平不断提升，形成自上而下贯通、多个层级共同发力的共治格局。重庆坚持系统观念，强化目标、区域、政策的协同，增强各项工作的系统性和整体性，创新开拓区县合作模式，解决跨区域产生的水源保护、污染治理及生态补偿等问题，确保水源地生态系统得到有效保护。

## 一、背景情况

构建综合治理新体系，推进协同治理，促进跨区域合作，是习近平总

① 《习近平主持召开进一步推动长江经济带高质量发展座谈会强调　进一步推动长江经济带高质量发展　更好支撑和服务中国式现代化》,《人民日报》2023 年 10 月 13 日。

书记亲自做出的指示批示，是解决跨行政区域的流域治理的可行之道，各级政府部门先后发布《关于健全生态保护补偿机制的意见》《关于深化生态保护补偿制度改革的意见》等文件，关注转移支付以及多元化生态补偿机制完善、政府主导、部门协作、社会参与的保护格局构建、纵横向补偿协调促进落实等重点内容。

为解决水资源匮乏问题，重庆曾将龙滩水库纳入西南骨干水源规划，但因涉及跨区县管理，水源地保护和污染治理存在困难，影响水生态安全，相关工作被搁置。2023 年，重庆市财政局和生态环境局发布《深化市内流域横向生态保护补偿机制实施方案》，提出流域横向生态保护补偿机制，实现共同保护水源地生态环境的目标。垫江县、忠县通过建立跨区县生态保护补偿机制，推动水源地生态安全保障。

图 5-3　龙滩水库全貌

## 二、主要做法

### （一）科学划定保护区，水源保护有法可依

确定保护区划定科学标准。若保护区划定面积过大，会导致上游忠县经济损失和较大工作压力；若划定过小，则无法有效保护水生态环境。为科学划定保护区，市生态环境局组建专家团队进行现场踏勘，5 次修订保护区范围，划定龙滩水库饮用水源保护区面积约 17 平方公里，其中忠县占比超 67%，垫江占比近 33%。

图 5-4 龙滩水库及其部分邻域

加强保护区制度建设。龙滩水库位于两县交界处，是重庆市首个跨界城市饮用水水源地。为解决水源地保护这一两县难题，垫江县政府广纳意见、实地调研，探索出联席会议制度和签署《保护合作备忘录》两大成果，形成共建共享的保护模式。联席会议每半年召开一次，开展联合巡

河、执法、监测等工作，解决违法排污、垂钓等问题。备忘录从法规层面规范联合治理工作，确保水源地生态安全和相关监管工作顺利实施。

严格保护区水源安全措施。垫江县政府邀请忠县开展现场调研与协商，负责日常巡查、监测和评估，并依据调研结果提出专业的评估与建议。同时，利用现代技术手段对水源保护区的水质、水量、生态环境进行实时监控。并出台《重要饮用水水源地名录》，明确了27处饮用水水源地，划定了一、二级保护区，开展了集中式饮用水水源地规范化建设，提前一年半实现了81处农村黑臭水体建档清零的目标，全县饮用水水源地水质达标率达到90%以上。

### （二）精准调查评估，污染治理有序开展

实地调查，做到精准治理。龙滩水库作为跨区县水源地，在双重监管的密网下，保障着数十万居民饮用水安全。自两县共保联治开展以来，垫江、忠县联合开展执法行动，严厉打击非法垂钓行为，积极宣传法律法规，成功签订多份不垂钓承诺书。降低水库周边环境的人类影响，推动污染源排查与整治，注重控源截污与生态修复，为水源地的高效治理与可持续发展奠定了基础。

群众参与，实现共同治理。龙滩水库水源地肩挑二元行政管辖单元，双方政府本着协同合作精神，推动水环境保护责任落实。根据《重庆市深化流域横向生态保护补偿机制实施方案》，两地加强合作，强化“谁保护谁受益，谁破坏谁补偿”的责任意识。通过多形式宣传和科普教育，增强群众保护水源的意识和参与感。双方互通信息、共享经验，共同制定和实施水源地保护方案，确保饮水安全，推动水库生态可持续

发展。

### （三）合理实施补偿，生态补偿有章可循

完善生态补偿制度。由于中央尚未出台具体补偿标准，水源地跨域保护面临补偿标准难以恒定的问题。为此，市财政局与生态环境局协调两县开展龙滩水库水源地保护区生态补偿评估，建立了环境现状和污染问题的两本账，并达成补偿标准和方式共识，同时通过激励奖补等措施，确保机制长效运行。根据《保护合作备忘录》，建立跨界饮用水水源地生态保护补偿资金制度，用于保护区内耕地、果园及日常监管。

强化资金管理监管。在龙滩水库的跨区县水源地生态保护补偿机制探索中，实行项目共建共管的模式，根据龙滩水库水源地保护区内的环境综合整治、农业面源污染治理、生态修复等项目实施地所在区域，由垫江县、忠县分别建设，同步推进，市财政局、市生态环境局监督实施，形成“市级—县级”共同的资金监管方案，通过市级与县级的联合资金监管机制，两县在龙滩水库水源地的生态保护工作中实现了共同责任、共同监管、共同推进的目标。

## 三、经验与启示

### （一）坚持党的创新理论引领

以理论的力量来指导实践，推动思想、观念更新换代。龙滩水库饮用水水源地友好协商建立的跨区域共抓保护、协同治理以及生态保护补偿机制，在全市生态环境领域尚属首例，突破原有的自顾自地看待生态保护问题的片面性，打破区县政府之间的行政壁垒，做到互通有无，为探索建立

和进一步规范重庆市跨行政区域饮用水水源地生态保护补偿机制提供了典型示范。

## （二）坚持齐抓共管保护生态环境

生态补偿既是保障水源地保护区经济可持续发展的客观要求，也是确保水源地保护区人民群众切身利益的现实需要，市县部门始终坚持深化生态文明体制改革，执行生态环境法律法规，坚定不移地采取综合性的管理手段，推动各方力量协同合作。通过依法划定保护区、建立生态补偿机制、联合执法等多种形式，形成市县共同发力的工作格局，将原来的“各自管”局面转向“一家管”的共赢。

## （三）坚持“绿水青山就是金山银山”

坚决向污染宣战，厚植全面建成小康社会的绿色底色和质量成色。龙滩水库是水源地，更是“经济源”，在“两山”理念的指导下，探索利用生态保护补偿机制这一政策工具，有效解决了生态保护与经济发展的共生问题。通过协调水源地保护区的生态与经济关系，为实现发展与保护的协同共生指明了路径。这也全面阐释了“绿水青山就是金山银山”的深刻内涵。

# 打通生态环境监管“最后一百米”<br>志愿服务助推社会治理体系建设

## ——北碚区生态环境义务监督志愿服务实践

保护生态环境离不开公众参与，公众有环境保护知情权、参与权、表达权、监督权。习近平总书记强调，“每个人都是生态环境的保护者、建设者、受益者，没有哪个人是旁观者、局外人、批评家，谁也不能只说不做、置身事外”[①]。国家坚持“共建共治共享”理念，着力健全法律法规与政策体系，搭建多元参与平台，加强科技支撑与宣传教育，通过政府引导、市场运作、社会协同，形成全社会共同守护生态的合力。重庆通过广泛开展主题活动，畅通公众参与渠道，提升公众生态文明素养，显著地提升了生态环境治理的效能，营造全民保护生态环境的氛围。

### 一、背景情况

北碚区是重庆主城的重要生态屏障，拥有缙云山国家级自然保护区这样的“绿肺”。这意味着其生态保护状况直接影响主城区的生态安全与环

① 习近平：《推动我国生态文明建设迈上新台阶》，《求是》2019 年第 3 期。

境质量。加大生态共治，是北碚区面对特殊生态责任、历史欠账和发展转型需求，积极探索人与自然和谐共生、生态与经济协调发展的现代化治理之路的重要使命。近年来，北碚区大力推进生态环境志愿服务事业发展，建立健全生态环境志愿服务体系，组织动员广大人民群众积极参与生态环境保护事务，做生态文明理念的积极传播者和模范践行者。2022 年，北碚区在全市率先探索生态环境义务监督员制度，从全区 17 个镇街的 192 个村社选出 193 名政治素质高、思想品质好、大局意识强、热心生态环境事业、有较强的社会公益心的基层群众，组建了重庆市首支“生态环境义务监督志愿服务队”。围绕“美丽北碚”建设的部署要求，以“智慧环保”系统为依托，构建起“人技同防”的数智生态格局，推进区内生态环境监管实现全覆盖，对健全北碚区生态环境治理体系，推进生态环境治理体系现代化建设起到了积极的作用，相关经验做法多次被《人民日报》等国家级媒体报道。

## 二、主要做法

### （一）当好宣传员，做环境保护的“小喇叭”

义务监督志愿服务队伍依托生态文明实践中心、美丽乡村生态展示馆等辖区内志愿服务场馆，深入社区、乡村、学校等地通过院坝会、集中宣传宣讲、入户宣传等形式定期开展“河长制”“林长制”“绿色低碳”“无废城市”“大气污染防治”“农村黑臭水体治理”等主题宣传活动，不断提升群众对“美丽北碚”建设的认知度和参与度，引领带动广大群众增强全民生态环境保护的思想自觉和行动自觉。

图 5-5　监督员开展环境保护宣传

## （二）当好侦察员，做发现问题的“千里眼”

借力“智慧环保”系统，将线上监控和线下侦察融为一体。充分利用高架源、无人机等智能设备，不间断开展智能巡查，扩大生态环境污染监管覆盖面。同时，将智能巡查发现的问题第一时间交办生态环境义务监督志愿者进行处理，确保污染问题在短时间内处置完毕，全面实现环境污染问题的精准防控。队伍自成立以来，及时处置露天焚烧、大气污染等问题，实现生态环境监管触角向“基层一线”延伸。

## （三）当好信息员，做收集问题的“顺风耳”

利用“本地人”熟人熟地熟情况的优势，通过赶集日、院坝会、入户宣传等渠道，开展生态环境满意度调查并收集调查问卷，及时收集、梳理、汇总并向相关镇街和部门上报江河小溪、环境空气、突出环境问题等意见和建议，推动问题的有效解决，进一步拓宽污染问题发现渠道，大大提高了环境执法效能。

图 5-6　监督员开展环境保护意见收集

## （四）当好调解员，做沟通问题的“连心桥”

生态环境义务监督志愿者既是普通群众中的一员，也是群众和政府之间的沟通桥梁。针对身边群众反映强烈的噪声、油烟污染、大气污染等生态环境问题，队伍累计开展各类调解工作 200 余件，并在第一时间做好辖区内群众情绪疏导、政策解释、问题处置等工作，协助镇街和村（社区）有效化解群众矛盾纠纷，真正让生态环境问题发现在基层、解决在基层。

## （五）当好监督员，做解决问题的“好帮手”

严格落实“每周一次现场巡查、每月一次情况汇总”的工作制度，生态环境义务监督志愿者对辖区内“河流污染”“违法排污”“噪声扰民”“毁山灭林”等问题处理情况进行全程监督，扎实开展森林防火、露天焚烧、垃圾分类、河流污染等监督巡查工作，确保环境信访“事事有回应、件件有落实”，持续为“美丽北碚”建设贡献基层力量。

## 三、经验与启示

### （一）坚持群众路线，激活基层治理“原动力”

生态环境保护离不开群众的广泛参与，通过基层群众组建义务监督志愿服务队伍，充分发挥“熟人熟地熟情况”的优势，将生态环境监管触角延伸到最基层，既破解了专业监管力量不足的难题，又激发了群众参与生态治理的自觉性和主动性，形成了“全民共建共享”的良好格局，印证了“人民群众是生态环境保护最广泛、最直接、最有效的力量”。

### （二）推动科技赋能，构建“技防＋人防”协同治理模式。

依托“智慧环保”系统，将高架源、无人机等智能设备的线上监控与生态环境义务监督志愿者的线下巡查相结合，实现了“智能预警—精准交办—快速处置”的高效联动，既提升了污染问题发现的及时性和精准度，又通过“人防”弥补了科技手段在复杂场景中的局限性，让技术优势与人力优势相互补充，为生态环境监管提供了“智慧＋人力”的双重保障，提升了生态治理的科学化、精细化水平。

### （三）健全闭环机制，筑牢生态治理“责任链”。

通过建立“宣传引导—问题发现—信息反馈—调解处置—跟踪监督”的全流程工作体系，明确“每周巡查、每月汇总”等制度，确保从问题排查到解决落实形成闭环，既保障了“事事有回应、件件有落实”，又通过宣传、调解等环节化解了基层矛盾，实现了生态监管、群众服务与社会治理的有机融合，为构建权责清晰、协同高效的生态治理体系提供了可复制的基层实践经验。

# 后　记

本书的编写工作由重庆市生态环境局统筹指导，得到了重庆市科学技术局、重庆市公安局、重庆市财政局、重庆市规划和自然资源局、重庆市住房和城乡建设委员会、重庆市城市管理局、重庆市交通运输委员会、重庆市农业农村委员会、重庆市国有资产监督管理委员会、重庆市市场监督管理局、重庆社会科学院等单位以及各区县的大力支持，为我们提供了丰富的素材与资料。

谨在此，向所有为本书提供政策指导、案例支持和智力帮助的单位与个人，表示衷心的感谢和崇高的敬意。

由于研究视野与编写时间有限，书中难免存在疏漏与不足之处，诚盼各界同仁不吝赐教。

编　者

2025 年 5 月